图说园林
解读中国园林的美与巧

［加］王其钧 著

机械工业出版社
CHINA MACHINE PRESS

品味中国园林的设计智慧与艺术之美

目录

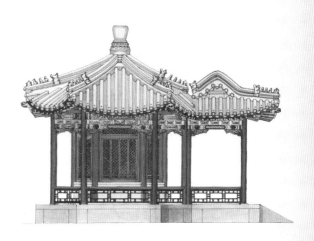

悠古风韵——

三千年的造园史

当新的生态文明不断冲击着当今社会结构的时候，中国古典园林所展现出的生态美、平衡美、持久美再次成为人们追忆的对象，而中国古典园林所展现的美，是几千年的造园历史不断积淀的结果。

先秦灵囿
中国园林的起源

中国古典园林的历史源远流长，关于古典园林的起源问题，历来学术界众说纷纭。有的学者认为园林艺术起源于古人游戏，如古代统治者的狩猎活动，也有的学者认为古典园林的兴起与一般的生产劳动，如先民聚居区村落的植树绿化有关。还有一种说法是与古人对鬼神的祭祀活动有关，如上古时代某些图腾崇拜及庆典活动也是园林艺术的起源。近些年来随着考古学的发展，上古时代古人的图腾崇拜及相应的祭祀活动是中国古典园林兴起的渊源这一说法越来越多地得到人们的认同。

原始社会生产力低下，对于上古时代的人来说，自然界中的风雨雷电等一切自然现象都充满神秘性，于是人们便对自然中的一些现象产生了某种精神崇拜。天地山川、日月星辰都是先人们心中的图腾，都是他们祭祀的对象。古人对祭祀活动非常重视，部落首领的更换、丰富的收获以及祈祷来年丰收等大小事宜都要举行或大或小的祭祀活动。祭祀之后通常还会有宴乐活动，把庄严肃穆的气氛推向欢娱热闹，于是祭祀的场所便带有了娱乐空间的性质。而用于摆放贡品的神台，其功能也渐渐地向登高远望和观赏风景的方向发展，其最原始的用途逐渐淡化，其本身也成为中国古典园林中最早的建筑形式。

到了殷周时期，统治者们有了专门的玩乐场所。《史记》中记有商纣王的鹿台，《诗经·大雅·灵台》记载周文王有一个方圆几十里的灵囿等，这都是专供帝王游乐的场所。春秋战国时期，各地诸侯割据称霸。贪图享乐的风气使诸侯们对营建宫室台池怀有极大的兴趣，出现了一大批的宫室台观，如吴王夫差的姑苏台、海灵馆，梁囿、温囿、朗囿等，形成了我国历史上园林兴建的第一个高潮。这时的园林营造，既有土筑的山，又有池，山水主题开始萌芽。

汉代画像砖中先秦时期人们的生活场景

定居生活使人类向文明社会迈出一大步，农业、手工业和商业的发展，促使着人类生活质量的提高。夏商时期人们开始建造娱乐、消遣、宴饮的场所，于是真正意义上的园林开始出现。

左|古人酿酒图 从目前的考古资料和书籍上很难见到先秦时期园林的景象，但可从当时的生活场景推知园林与经济发展的关系

右| 夏商时期上层社会的生活状态决定了当时园林的性质

农业出现以后，人类开始定居生活，有了简单的住所。虽然这种简陋的结构还不成体系，但终究是可以遮风避雨的场所。衣食住行问题得到解决，古人开始注重村落的环境绿化，在村落周围植树栽花，环境十分宜人。再加上原始社会淳朴自然、没有被污染的山水，此景可构成一幅天然的山水画，这也许就是村落公共园林的雏形

秦汉宫苑

仙山楼阁

六国毕，四海归。公元前221年，秦王嬴政结束了诸侯割据的局面，统一了六国，建立起一个幅员辽阔的封建国家。为了巩固国家统一，加强中央集权，他制定了一套适应封建国家需要的新行政机构。同时还采用了战国时阴阳家的五德终始说，来辩护秦朝的法统。五德终始说认为，各个相袭的朝代以土、木、金、火、水五德的顺序进行统治，周而复始。秦因得水德而统一天下，水色黑，所以秦的礼服旌旗都用黑色；水德主张刑杀，所以政治统治严酷。

秦始皇确定了一套与皇帝地位相适应的复杂祭典以及封禅大典，臣民不得僭越。他在咸阳城附近仿照关东诸国宫殿式样营建了许多宫殿，气势磅礴的阿房宫、咸阳宫、骊山宫等，宫殿建筑群拥有巨大的尺度和规模，按照天上的星座布局建置，体现了天人合一的哲理。秦始皇在位时，曾在先代基础上大建离宫别苑，《史记》记载："关中计宫三百，关外四百余"。建于咸阳渭水南岸的有甘泉宫、林光宫、兴乐宫、信宫、章台宫、上林苑等，其他见于文史的还有兰池宫、望夷宫、长杨宫、梁山宫等。这些园林都以天界的秩序为模拟的对象，试图营造出人间天堂的园林艺术空间。

汉武帝在秦代的基础上构筑离宫御苑，确立了秦汉园林"体象乎天地，经纬乎阴阳"的格调。

上林苑是当时最大的苑囿，方圆几百里，内凿昆明池，建有建章宫等宫殿建筑群，宫殿之间"跨城池，作飞阁……构辇道以上下"，这种天宫楼阁、飞阁复道的建筑形式，开辟了仙山楼阁的创建意象，对后世园林产生了深远的影响。太液池中

汉代的苑囿，气势磅礴，建筑金碧辉煌，宛如天上的仙山楼阁

模拟海上仙山设置蓬莱、方丈、瀛洲三岛，皇家园林"一池三山"的模式由此正式确立。西汉时，官僚、贵族、富豪的私家园林也是这一时期皇家园林的缩影。茂陵富户袁广汉在北芒岩下筑园，园东西约1.6公里，南北约2公里，将山下的激流引入园中。假山以石构筑，高十余丈，连亘数里，积沙为洲，山水间养鹦鹉、紫鸳鸯以及众多的珍禽异兽。另有各种各样的奇花异草于园中争妍斗艳，美丽的景象不言而喻。还有众多建筑重阁修廊，建筑物间"徘徊连属"，园林大体以皇家园林为标准，只是规模略小而已。

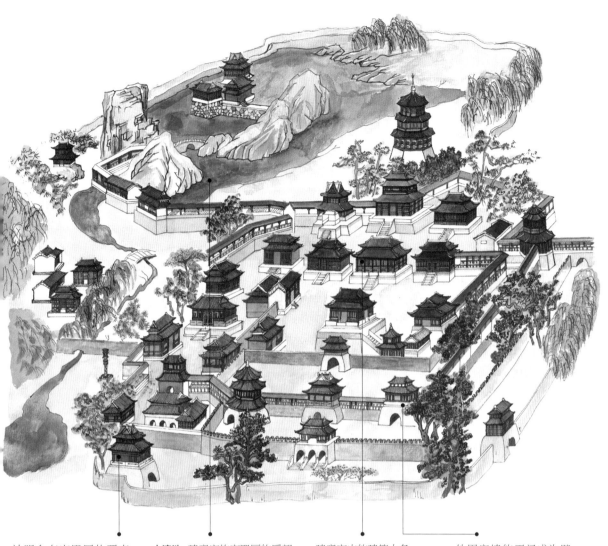

神明台在宫殿区的西南部，上面有承露盘，有铜仙人托盘，表示承接仙露

太液池 建章宫的宫殿区的后部设有太液池，太液池中有象征海上三仙山的瀛洲、方丈、蓬莱三岛，岛之间以桥堤相接。"一池三山"的布局在建章宫中正式确立，由此成为皇家园林布局的定制

建章宫内的建筑大多为多层，体量高大，气势非凡，建筑之间还有飞阁廊道作为"空中交通"

外围宫墙的正门成为壁门，进入正门又有内垣，门两侧建阙，上面装饰铜铸凤凰，称为"别凤阙"

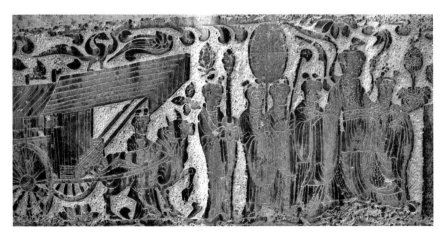

汉代画像砖中描绘了当时宫廷生活的奢华，由此可知宫苑是皇室成员游玩嬉戏的主要场所

魏晋士人园林

野趣盎然

魏晋南北朝是中国历史上最动荡的时期之一，常年的战争使原来的社会体系逐步瓦解，而这一时期的思想却最为自由。玄学便是在这种瓦解的社会体系中应运而生，成为当时社会思潮的主流。佛教的传入，打破了当时接受外域文化的障碍，也使玄学不再孤零。东晋以后，玄学与佛学趋于合流。玄学中的"自然"与佛教的"虚无"相结合，促使魏晋的门阀士族和士大夫远离政治，亲近自然，寄情山水，以期在明净的大自然中得到精神慰藉。然而实际上他们的这种"隐逸"，是心怀激愤、筑壁自守的表现，并非真正看破名利、彻悟人生，决意避开烦嚣的尘世过淡泊宁静的生活。从某种程度上讲，这一时期文人雅士对大自然的向往之情，是老庄无为思想的一个侧面。这一时期的帝王宫苑在布局和使用内容上继承了秦汉苑囿的某些特点，规模较秦汉苑囿小，增加了较多的自然色彩和写意成分，开始走向高雅。这个阶段是中国古典园林发展的转折期。

皇家园林在继承前朝恢宏壮阔的特点的同时更加注重突出自身风格。如北魏洛阳的华林园就是历经几朝改建而成，园内景物丰富，注重园林布局，园中还设有专供后妃游乐的场所以及具有食宿情韵的买卖街，是一处大型的，具有综合功能的御苑。梁王萧绎的湘东苑山水构筑也十分成功。这一时期私家园林的发展是最受人瞩目的。私家园林以城市山林和庄园化园林两种形式出现，前者精致高雅，后者淳朴自然。

南北朝以后，佛教已经成为当时普遍的社会思潮，大量的佛教建筑应运而生。参禅修炼的清净场所，必然要有庄严肃穆的氛围和幽雅静谧的环境，优美的自然环境是寺观园林产生的客观条件；玄佛合流，使士族大夫与寺僧的交往密切而频繁，他们常常在一起高谈玄理佛学，彼此影响，相互吸收，玄学思想的渗透是寺观园林产生的思想条件。寺观园林作为一种带有宗教色彩的园林在这个时期正式登上园林历史的舞台。

陶潜笔下的"桃花源"是魏晋时期
人们所向往和孜孜以求的人间佳境

山水亭榭、林泉雅集是魏晋士人们
追求的理想家园

兰亭是东晋王羲之与友人褉
饮、吟咏的场所

隋唐嘉园

宏阔大气

经济和文化是园林发展的两个必要条件，一个是物质条件，一个是精神条件。经济的发展决定着园林数量的多寡，没有雄厚的经济基础，不可能建造园林；文化的发展程度影响着园林的质量，中国古典园林的特点之一就是文化意蕴丰富。隋唐时期，无论是政治局面还是经济文化，都出现了前所未有的和平、安定、繁荣、昌盛，因此这一时期的园林，有了很大发展，是中国古典园林发展的全盛时期。

这一时期园林发展最突出的特点有两个：首先是士人园林(文人园林)的较大发展；其次是公共游娱园林的出现。

安定的社会局面和繁荣的经济培育了盛唐士人宏大壮阔的文化精神和乐观开朗的胸怀，使他们能够以从容平和的心态去领略自然之美，对自然山水的欣赏变得更加主动，园林和士大夫的生活也结合得更为密切。于是有了画卷般的辋川别业。它是山水田园诗人王维除诗画外，在自然中构筑的一处大型山水杰作。王维将诗画禅理互渗互融到辋川别业中，亭台楼阁、深山密林、溪流青苔、花香鸟语都是诗人诗意画境的再现，是诗人淡泊绝俗心境的自然流露，正如袁行霈在《中国文学史》的"盛唐的诗人群体"中所说："自然的美与心境的美完全融为一体，创造出如水月镜花般不可凑泊的纯美诗境。"它与晚唐诗人构筑的草堂有着不同的文化底蕴。唐代皇家园林中出现了"禁苑"，把皇家园林的专属性给予明确标示，事实上，即使没有被称为"禁苑"，皇家园林也只是专供皇室人员游乐的地方，臣民百姓是不准随便出入的。唐代一方面加强了这种专属性，另一方面在其开放的文化政策的哺育下，又催生出万人同乐的公共游娱性园林。位于长安城东南的曲江池不仅有城墙复道与禁苑相通，而且每年的中和(农历二月初一)、上巳(农历三月初三)、中元(农历七月十五)、重阳(农历九月初九)等节日，长安城内的达官显贵、黎民百姓都可以来此游玩嬉戏，其景象热闹异常。

沉香亭是唐代内苑兴庆宫内的一座亭子，因亭前种植牡丹而得名

杜甫草堂是在唐代浣花溪草堂的旧址上修建而成的

唐代建筑雍容典雅，园林规模也较大，更重要的是，它所表现出来的非凡的气度，正是盛唐社会的生动写照

陕西西安大慈恩寺鸟瞰图

大慈恩寺位于唐长安城(今陕西省西安市内)风景如画的晋昌坊，与大明宫含元殿处于一条轴线上，东南即为烟水明媚的曲江芙蓉苑，西南又有杏园，地理条件十分优越。大慈恩寺规模宏大，香火缭绕，是唐代最有名的寺院之一。寺院周围绿树环绕，淙淙河水从寺前流过，营造出清幽可人的园林氛围。

大雁塔位于寺内中心位置，是寺内最高的建筑，也是寺内唯一留下的唐代建筑。塔为砖石结构，高达65米，楼阁式，造型简洁大方，浑厚古朴，是我国佛教建筑中的杰作

古时寺庙多建于风景优美的山郊野外，因此把寺院的大门称为山门。大慈恩寺在大门两侧加建了小门，加强了庄严的气势

附属建筑在中轴线外侧，完全掩映在绿树丛中，使寺院具有浓郁的园林气息

辋川别业是王维在长安城附近的辋川谷（今蓝田县附近）内构筑的私人宅居

辋川别业共有景点20处，大多以自然景观为主，有华子岗、斤竹岭、鹿柴、木兰柴、辛夷坞、漆园、椒园、柳浪、白石滩、宫槐陌等林园，孟城坳、文杏馆、竹里馆、临湖亭等建筑，无不被青山绿水所环绕

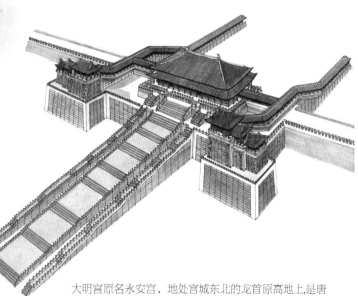

大明宫原名永安宫，地处宫城东北的龙首原高地上,是唐代有名的大内御苑

宋代园林

精雅成熟

宋代是一个崇文尚雅的社会，文化成就斐然可观。宋画以写实和写意相结合的方法表现出"可望、可行、可游、可居"的，士大夫心目中的理想境界，说明了"对景造意，造意而后自然写意，写意自然不取琢饰"的道理。而与之息息相关的山水园林也开始呈现出理想画论中的某些特点。两宋的山水画讲究以各种建筑物来点缀自然风景，画面构图在一定程度上突出人文景观的分量，表现出自然风景与人文相结合的倾向。直接以园林作为描绘对象的也不在少数，两宋时期园林景色和园林生活越来越多地成为画家们所倾心的题材。画家们不仅着眼于园林的整体布局，甚至对某些细部或局部，如叠山、置石、建筑、小品、植物配置等，都刻画得细致入微。许多文人甚至亲自参加园林的营造，把山水画论带到园林的规划设计中，如苏舜钦有沧浪亭，范成大有石湖别墅，叶清臣构筑小隐堂，史正志的渔隐……这时山水诗、山水画、山水园林互相渗透的密切关系已完全确立。

皇家园林发展到宋代掀起了第二次高潮。与汉代皇家园林引导私家园林正好相反，宋代皇家园林开始受私家园林影响。宋代最有名的皇家园林艮岳，是座典型的山水宫苑。构园设计以情立意，以山水画为蓝本，以诗词品题为景观主题。苑内东部以山为

宋代皇家园林金明池有着宏阔的山水布局和金碧辉煌的建筑

主，西部以水为主，形成左山右水的格局，突破了秦汉以来"一池三山"的传统规范。建筑均为游赏性的，没有朝会、仪典或居住的建筑，充分发挥建筑点景和观景的作用。高处多建亭，如万岁山主峰上的介亭，寿山顶的嶕嶢亭；坡地建楼阁，如绛霄楼、巢凤阁、倚翠楼、清漪阁，楼阁凌空而建，其形象精致，具有飞动之美；水畔、山涧多置台、榭；池中岛上筑厅堂，建筑布局自由灵活，增加了园林的游赏情趣。

艮岳开创了皇家园林"移山填海"的先例，皇家园林自此开始不再停留在单纯摹写山水的范围，更加注重意象景观的创造，体现园主富有意境的审美追求已成为园林艺术的根本目的。

宋代园林的风格深受绘画影响，各种各样的园林风景也成为绘画的主要题材。在宋代的《早秋夜泊图》中，画面内容不仅有可观望的山水自然风景，还表现了可居的楼阁和可游的画舫

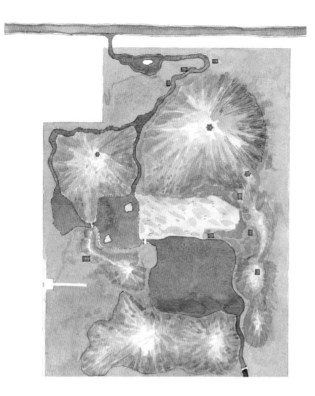

艮岳是中国园林史上最有名的皇家园林之一。整个园林布局以山水
为骨架，是以山水画为立意而构筑的一座大型人工园林

宋代宫苑以华丽、雅致的风格为主

宋代的山水画清新脱俗，是营造园林的蓝本

宋代的文人雅士对自然的热爱已由袖手旁观式的欣赏上升到融入大自然，与大自然进行对话

司马光的独乐园是宋代文人园林的典型

元明园林

承前启后

元代总共不到一百年，园林建树不多，但同样有自己的特殊贡献。雄伟壮丽的隆福宫、兴圣宫旁有万岁山、太液池等皇家园林，大都近郊水源丰富的地带分布着一些权贵和士大夫的私园。元代的私家园林主要是继承和发展前代文人园林的形式，其中河北保定张柔的古莲花池、江苏无锡倪瓒云林堂、苏州的狮子林、浙江归安赵孟頫的莲花庄、元大都西南廉希宪的万柳堂、张九思的遂初堂、宋本的垂纶亭等，在当时都是比较有名的私家园林。元代统治者把汉人划分为居于蒙古人、色目人之下的第三等人，政治地位低下。许多汉族文人常常在自己营造的园林中以诗酒为伴，吟风弄月，这时的园林已经成为汉族文人雅士抒写性情的重要艺术手段，对以后的明清园林有着很大影响。

明代园林在元代的基础上继续发展，这时的园林都设在皇城之内，这与当时蒙古族经常南下入侵的政治形势有着很大关系。此时的皇家园林规模宏大，布局趋于端庄严整，建筑富丽堂皇，突显皇家气派。私家园林的勃兴是最值得关注的。明末资本主义萌芽在江南地区出现，苏州、扬州等城市工商业发达，当时有"苏湖熟，天下足"的说法。但生活在温柔富贵之乡的有钱人并不贪图为官作宦，也不愿设肆作贾，而是一味眷恋着温柔清幽的家园，于是构园成为苏州人的雅尚。明代苏州先后建置园林两百余处，著名的拙政园、留园、艺圃都建于这一时期。

元大都为明、清都城奠定了基础，气势磅礴、规模宏大、秩序井然，是皇家权力的象征与体现

城墙高达20多米，外表面为条石砌筑，内部并非坚固夯筑实体，而是砖砌的两重拱券

简朴随性，体现自然之美是私家园林的发展趋势

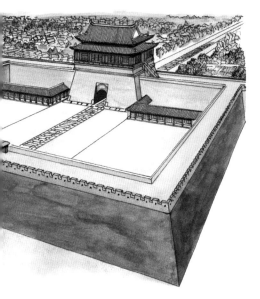

用园林来抒写性情是元明文人的重要手段。因此这一时期的私家园林文人气息更为浓重，园林也成为他们吟诗作赋、咏古怀今的场所

明南京城聚宝门鸟瞰图

城墙建于元至正二十六年至明洪武二十年间(1366—1387年），聚宝门的规模质量在当时南京城门中居首位

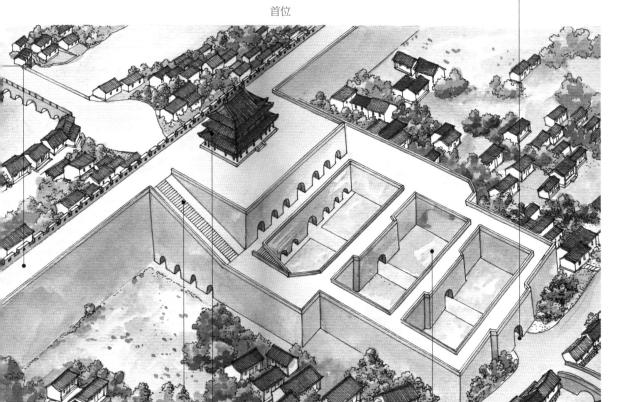

城楼侧有登城斜道，全部为砖筑结构，其下为拱券门洞

城台上建楼，以壮其观，称为城楼。除了加强气势，城楼也是士兵们驻守瞭望察看敌情的地方

城楼前加建三道城门，更具防御性

清代园林

中国园林的集大成者

中国古典园林发展到清代，已经离秦汉时期广袤数千里的畋猎范围越来越远，从风格上讲更趋于精致，内容上已经由单纯的畋猎上升为集观赏、游乐、休憩、居住等多种功能于一体的综合性场所。总而言之，清代的皇家园林是中国古典园林由大到精这一过程中的尽端，走到了古典园林发展的辉煌顶端。

清代不仅涌现出大量新的园林，之前的园林在
这一时期也得到了不同程度的扩建、修筑

避暑山庄金山岛　避暑山庄是清代营建较早的园林之一，从康熙四十二年(1703年)开始营建，直到乾隆五十五年(1790年)才完成，前后历经八九十年，是清代大型离宫御苑

苏州园林是清代私家园林的代表

图说园林
解读中国园林的美与巧

颐和园谐趣园 清代的皇家园林既有北方的华丽、浑厚，又有江南水乡园林的明媚秀丽，大量吸收了江南园林的优点，有时直接模仿江南名园。如颐和园的谐趣园就是仿无锡寄畅园而建

皇家园林在清代不仅是帝王赏山玩水的游乐场所，同时其内部还设有处理朝政、居住休息、读书的场所，一些大型的庆典活动也经常在风景秀丽的园林中举行

融冶荟萃恢宏——

皇家园林

悠久的历史、精美的建筑、宏阔的气势、丰富的内容并不能真正涵盖皇家园林的全部，金碧重彩中流露着几分清秀雅淡，皇家园林拥有北方的浑厚，也具备南方的柔媚，成就了皇家园林辉煌灿烂的园林文化艺术。

皇家园林的特点

天上人间诸景备

皇家园林作为中国古典园林的一种类型，历史源远流长，从秦汉时期的宫苑建筑、魏晋南北朝的御苑到清代的颐和园，它与中国封建社会始末同步，历经两千多年的发展历程。皇家园林因其所有者拥有特殊的地位和权力而具有与其他园林不同的风格。规模浩大、布局完整、陈设完备、功能齐全、富丽堂皇是皇家园林的主要特点。此外，具有历史渊源的"一池三山"的水景布局模式以及广建佛寺建筑都是皇家园林中特有的内容。皇家园林是中国园林艺术成就最高的代表者，也是中国园林的精华所在，无论是总体气势、文化情趣，还是内容、建筑设计等方面，都非其他园林形式可比。现今能观赏到的皇家园林多建于清代，主要分布在北京、河北两地，类型上既有附属在宫廷后部的花园，如乾隆花园、御花园等，又有宫外的行宫御苑、离宫御苑，如颐和园、圆明园、避暑山庄等。

北京北海东岸濠濮间石坊，形制简单，造型美观大方

避暑山庄湖区清丽、恬静，极具江南水乡情韵

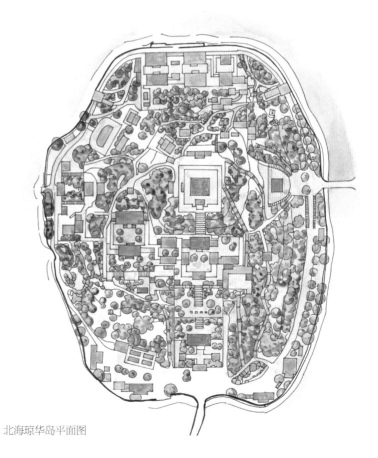

北海琼华岛平面图

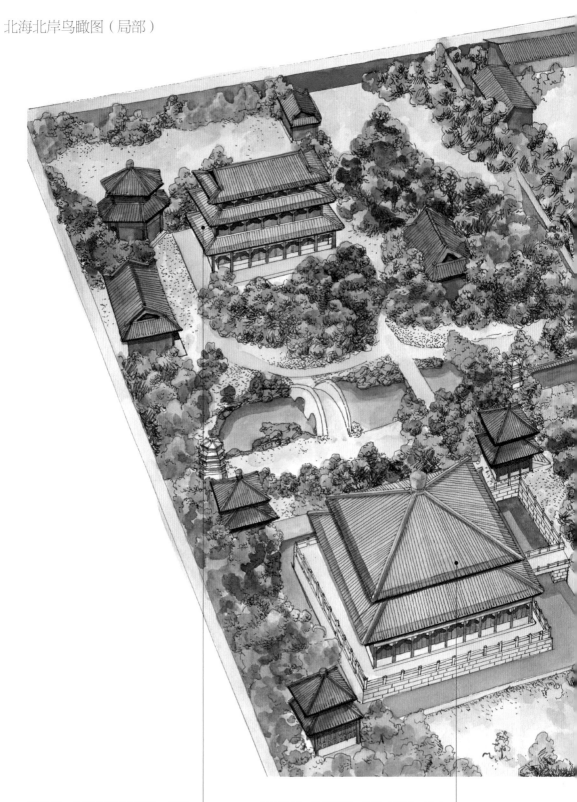

万佛楼 北海北岸最北端的一座建
筑，楼高3层，是乾隆皇帝为母亲庆
寿而建，名为大西天，因楼内供奉
金佛万余尊，故称万佛楼

极乐世界 极乐世界，俗称小西天。殿内
泥塑假山，象征佛教中的须弥山，假山四
周云雾缭绕，山上丛林古刹，犹如西天极
乐世界

● **大佛殿** 阐福寺
内的主殿，仿
河北正定隆兴
寺大佛殿而建

● **阐福寺山门** 阐福寺，明代时为皇帝后妃们游乐的
场所。乾隆曾将其改作后妃们举行"亲蚕礼"的蚕
馆，后又经大规模改建，成为北海北岸最大的佛教
建筑群

● **五龙亭** 建于北海北岸。五座亭子沿岸
线自然曲折，从东到西分别是滋香亭、
澄祥亭、龙泽亭、诵瑞亭、浮翠亭，远
远望去，犹如蛟龙俯卧水岸

内廷花园

红墙黄瓦内的山水天地

内廷花园，又称大内御苑。它作为宫廷的组成部分，是宫廷的延伸和附属。其布局具有鲜明的轴线，建筑也有左右平衡相互对称的特点。现今仍然保存完好的御花园、建福宫花园、慈宁宫花园，它们的地形条件各有不同，但它们在建造中都运用了中轴线以及建筑的对称平衡原则，从而成为故宫建筑群中不可分割的组成部分。内廷花园中每处景点都有一个独立的建筑体，在花园内随处可见供游人停留休息的处所。因此内廷花园是以静态为主的园林。

内廷花园只在园内叠山，这与以往中国园林中必有山水建造不同。内廷花园因为地方较小，又处于北方水源不足的地方，所以只建叠山而舍去理水。叠山的建造与房屋建造相结合，这样可以充分利用空间，形式上也别出心裁，叠山的面积一般不大，但都十分陡峭，颇有悬崖峭壁之感。例如御花园中的堆秀山，采用了叠山建造中的"台景式"，又因为山峰起伏积秀，所以被称之为"堆秀式"。

内廷花园与故宫其他建筑一样，采用了琉璃装饰，以显示皇家的气派。屋顶的形式变化多样，例如乾隆花园中的亭子不但采用了琉璃瓦作为装饰，亭内也做成盘龙镏金的藻井。亭的形制既有四面开敞的，又有装设格扇门窗的围合体。植物配置方面，以适于冬季观赏的松柏为主。总体来说，内廷花园虽不大，但造型玲珑精致，突显皇家气势。

内廷花园受地域限制，缺少水景，叠山艺术却很成功

建福宫花园建福门正立面

建福宫花园位于故宫建福宫后部，原为明代西五所的四所、五所，乾隆皇帝继位后，将其上升为宫，改造为花园。花园地形狭长，是一个以建筑为主体景观的花园。

脊兽 正脊上有正吻，垂兽位于垂脊的最下端，戗兽位于戗脊的最上端。这些细部的装饰，大大丰富了整体的视觉效果

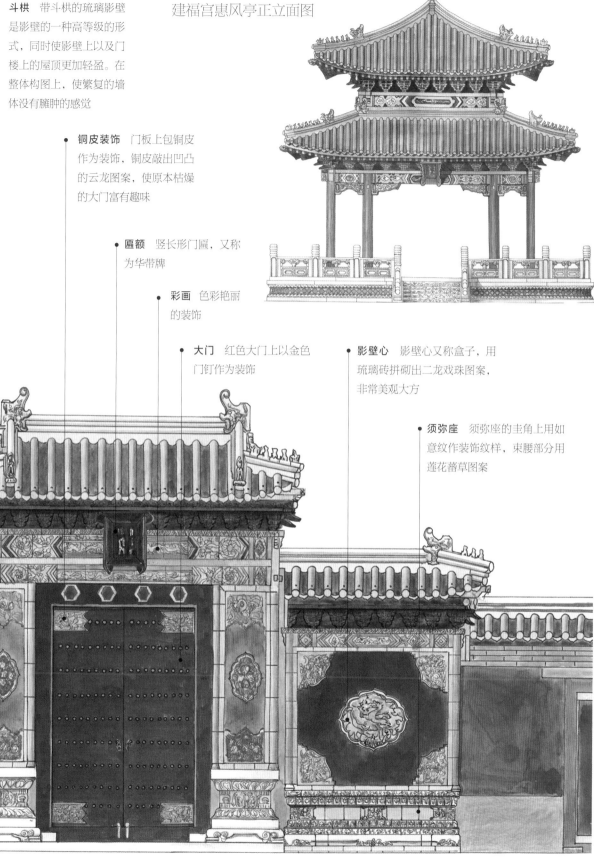

斗栱 带斗栱的琉璃影壁是影壁的一种高等级的形式，同时使影壁上以及门楼上的屋顶更加轻盈。在整体构图上，使繁复的墙体没有臃肿的感觉

建福宫惠风亭正立面图

铜皮装饰 门板上包铜皮作为装饰，铜皮敲出凹凸的云龙图案，使原本枯燥的大门富有趣味

匾额 竖长形门匾，又称为华带牌

彩画 色彩艳丽的装饰

大门 红色大门上以金色门钉作为装饰

影壁心 影壁心又称盒子，用琉璃砖拼砌出二龙戏珠图案，非常美观大方

须弥座 须弥座的圭角上用如意纹作装饰纹样，束腰部分用莲花蓍草图案

御花园

深宫禁苑的延续

御花园位于坤宁宫的北面，是故宫中轴线建筑群的结束，是专供皇帝后妃们游乐赏玩的场所。

御花园在现存内廷花园中面积最大，布局上延续宫廷部分前朝后寝的形式，总体规划采用对称均衡的格局。御花园平面呈长方形，四面设门，正南为天一门，正北有顺贞门。东南角为琼苑东门，西南角为琼苑西门。坤宁门后的天一门是花园的正门。进入天一门，正面见到的大殿就是钦安殿，为御花园的主体建筑。钦安殿和天一门都在紫禁城的中轴线上。大殿建于明代，是故宫内目前保存最为完好的明代建筑。五开间的大殿坐落在白色的台基上，其典雅华贵的形象赫然展现。大殿最特别之处在于其屋顶形式是重檐盝（lù）顶(盝顶，屋顶的一种形式，它是在四坡顶上有四条与屋檐平行的屋脊，四条脊构成一个四边形的平顶)，屋顶的中央有宝塔装饰，这在大型的宫殿建筑中是极为少见的。

内廷花园由于受地域的限制，要创造出类似行宫御苑或离宫御苑那样具有天然野趣的园林景观，并不是一件容易的事。再者，花园本身处于宫廷之内，为了与前面的宫殿建筑取得大体统一的效果，规整均衡的布局还是很有必要的。可如果太注重宫廷氛围的营造，又会失去园林之趣。御花园的设计考虑到整体布局的严谨性，又在细部处理方面追求变化。除钦安殿外，很多建筑也都采用复合式屋顶，如四角攒尖勾连搭卷棚悬山顶的浮碧亭、澄瑞亭，上圆下方的万春亭、千秋亭，硬山出抱厦的绛雪轩，别致的屋顶形式体现出追求多变的园林风格。

钦安殿四周围以矮墙，组成一处方形的院落，自成一区。以钦安殿为中心的院落，是园内中路景区。院落东西两侧又各分一路，作为补充点缀。御花园内主要建筑及园林小品都采用一左一右的对称形式，亭对亭，楼对楼，建筑的名称也有对仗，千秋对万春，浮碧对澄瑞，把建筑形式上的对称延伸到园林意境上的对照。受宗法礼制思想的影响，园内道路都是笔直畅通的，与其他园林的曲石小径截然不同。建筑设在道路相夹的空地上，园内建筑很多，东西对称布置了亭、殿、馆等近二十座建筑。建筑多倚宫墙，只有体量小巧的亭、阁独立建置，因此在建筑密度较高的情况下仍然有比较开敞的庭院空间。

格局和建筑形式上的严谨规整并没有影响园林的自然之趣。山石、树木、装饰性小品、建筑的巧妙处理，减轻了规则布局的沉闷感。如位于钦安殿后东北角的假山堆秀山。全山由大小不一的太湖石堆砌而成，在狭小的地面上拔地而起，叠垒出怪石嶙峋，仿佛一幅写意的山石图，让人无限遐想。山上置水法，用铜缸储水，压力使水自山前的龙头水口喷出，形成喷泉。园中各处还适时适势地穿插造型奇特、形态各异的山石盆景，点缀铜香炉，更有四时常绿的古松老槐挺拔矗立，使园内布局既齐整规矩又丰满灵巧。

御花园四神祠东立面

四神祠在养性斋东北方向的假山上，建筑采用八角攒尖带卷棚歇山抱厦的形式，立面效果丰富。从建筑的立面图中同样可以看到其多变的建筑线条。

四神祠下部采用格扇门窗，显得玲珑通透，格扇漆成红色，是等级的象征

亭顶部覆盖黄色的琉璃瓦，与整个故宫的建筑色调相协调

一面出抱厦，扩大了内部空间，利于观景，在造型上增加了变化

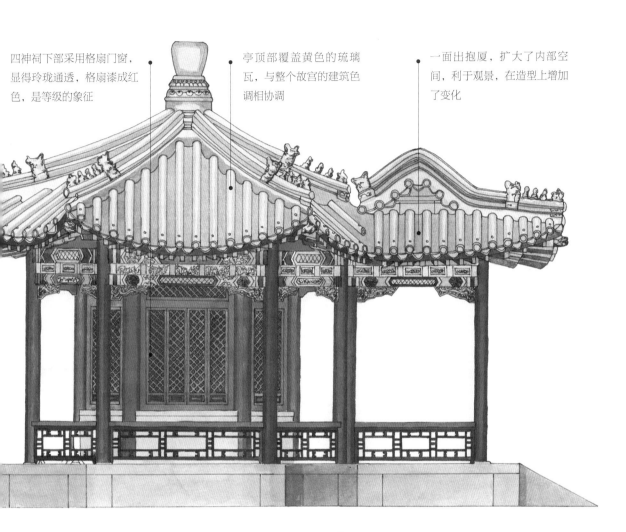

澄瑞亭，四角攒尖顶前带卷棚悬山抱厦，建于明万历十一年（1583年）。

形制小巧的扇面池是园中的点缀小品。中国园林中的水池平面常作不规则状，很少采用有着笔直硬朗线条的几何形，而扇形无论是在建筑的平面造型中，还是细部装饰中都经常出现

万春亭顶部有宝顶装饰，瓶状，琉璃制，上雕有龙凤图案。宝瓶上有一小节圆形立柱，其上有铜质宝盖，装饰富丽，造型生动

延晖阁 延晖阁是一座两层楼阁，它与东侧的耸秀亭在尾部拔高了整个园林的纵向空间

钦安殿 钦安殿是御花园中轴线上的主体建筑，庞大的体量和别致的造型使它在园内有着其他建筑不能替代的地位，大殿四周围以矮墙，形成一个独立的院落

千秋亭 千秋亭与东面的万春亭相互对应，两亭在造型上相似，都是上圆下方的重檐顶

故宫御花园鸟瞰图

内廷花园的特点在御花园内体现得十分明显，对称严谨的空间布局，富丽堂皇的园林建筑，意趣横生的山石景观等，这些特色无不显示着它与其他园林的不同，这也正是它的制胜点。

堆秀山 堆秀山位于园最北端，紧靠宫墙，是园中最高的山

御花园承光门正立面图

御花园承光门位于钦安殿北，为牌楼门的形式，砌筑得颇为华贵。门两侧接短墙，向东西方向延伸折向北，墙上又各开一座琉璃门，西为集福门，东为延和门，与园北的顺贞门围合成一处别样的园林空间。

万春亭 万春亭与千秋亭相对应，造型风格一致

绛雪轩 绛雪轩平面呈凸形，是乾隆皇帝钟爱的一处书斋雅室

堆秀山的御景亭高出后部宫墙，是园内最高点，也是花园内观景的好去处

千秋亭造型庄重优雅，建在白色的须弥座上，掩映于绿树之中

千秋亭盘龙藻井雕饰繁丽，是一种等级较高的藻井形式

延晖阁分上下两层，体量高大，装饰华丽。延晖阁与东侧的堆秀山位于中轴线的两侧，一东一西，形成对称的格局。它同御景亭一样是园中登高远眺的地方，登阁远望，黄瓦红柱的建筑掩映于苍松翠柏中，其景象秀丽可观

故宫御花园万春亭与千秋亭不仅在位置上呈对称之势，命名上以"千秋"对"万春"，体现了御花园严整、对称的布局形式

御花园主体建筑钦安殿的东、南、西三面均环有矮墙，形成一座独立的院落，但墙体与院落内部景物的比例尺度掌握得较好，因此并没有使院落与外部环境截然分开

御花园同其他内廷花园一样不设水景，独以山石景观取胜，御花园内的堆秀山是其代表之作。此外园中还有许多湖石盆景，为园林景观增色不少。图中草绿色的笋石与竹相配，是一种富有生机的组合

钦安殿为盝顶，没有脊饰，所以在屋顶中央加建宝顶装饰。铜质宝盖下用四条铁链与四角相连，起到加固的作用

御花园内建筑细部使用琉璃装饰，华贵艳丽，等级较高

用卵石砌筑成莲花铺地，图案清晰，造型美观，把脚下的曲径修饰得很具观赏性

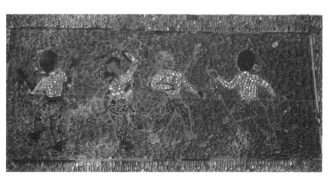

天一门是钦安殿的正门，位于御花园中轴线的起始位置。这里翠竹成丛，环境清雅，与宫廷肃穆的气氛形成对比

御花园内湖石小景，极富情趣

园林空间需要精心构筑，这不仅表现在园林的整体布局、山水构架以及建筑分配等方面，园林景观的每一个细节都要费一番心思。图中所示为御花园内用卵石、碎瓦片构成的古代人们进行体育活动的画面，形象生动，格调活泼

乾隆花园

江南情韵浓郁的宫廷花园

乾隆花园位于北京紫禁城内东北角宁寿宫的后部，故也称宁寿宫花园。乾隆花园是乾隆皇帝巡游江南归来后建造的，学习了南方私家园林的造园特点，布局自由灵活。花园地基为一块南北长一百六十米、东西宽四十米的狭长地带，这给园林布局带来很大的不便，要想创造出类似御花园那样规整均衡的布局，的确存在着许多困难和矛盾。园林设计者突破机械的宫廷格局，因地制宜，运用自由分隔的艺术手法，将全园划分为相互串联的四个主要景区。各个景区有独立的环境与别致的景观，景区内又有似断非断的小庭院，使全园自南向北形成五进院落的格局。各个院落平面接近方形，除第二进院落外，其他院落均采用非对称的布局形式，每进院落都有各自的主题和主要建筑，五个院落内的主体建筑位于一条中轴线上，建筑多坐北朝南，这又迎合了"先取乎景，妙在朝南"的造园理论。

花园最南端的大门名衍祺门，进门即假山，堆如屏障，作为进门的障景。绕过假

乾隆花园以石为主景，建筑周围置满山石，对建筑起着烘托气势的作用

山，迎面正中为五开间带围廊的敞厅古华轩，轩前有一株古楸树，姿态婆娑。有生命的树木与无生命的建筑相互映衬，相得益彰。静中听动、动中观静，建筑与植物的组合，是园林中展现动静交融之美的另一种方式。古华轩东南侧布局规整的院落为抑斋小院，院虽不大，山石花木点缀其间，院内外的空间层次仍然十分丰富。古华轩西南为禊赏亭，亭平面呈凸字形，中央为重檐四角攒尖的方亭，三面出卷棚歇山抱厦，造型奇特。亭内地面凿出迂回的流杯水槽，用以曲水流觞。乾隆皇帝以兰亭流觞修禊的故事为典，把这座建筑命名为禊赏亭。此院落内不设水景，禊赏亭的设置意图显而易见。从衍祺门至古华轩，包括西南的禊赏亭和东南的抑斋小院在内，为第一进院落。

乾隆花园的第二进院落，是一座封闭、严谨的三合院式建筑，主体建筑为坐北朝南的遂初堂，左右有抄手游廊连接东西厢房。厢房均为五开间前出廊的形式，但只在北三间出明廊，与遂初堂两侧的抄手游廊相接。入口设在带廊的中央开间，也就是北次间。与传统三合院明间设门的布局有所不同，这样设计扩大了庭院南部空间，使厢房的陪衬作用更为明显。遂初堂既是第二进院落的主体建筑，又是承前启后进入第三进院落的过渡性建筑。堂后第三进院落的格调突然一变，不但正厅建成了两层的萃赏楼，院内堆叠山石，栽植高大的松柏、低矮的灌木，于山石上建小亭辟曲径，宛若一处独立的小园林。因其中轴线较前院东移，便在西面建配楼"延趣楼"，以取得平衡。

乾隆花园第四进院落的中心是符望阁，符望阁作为全园的景观中心，其平面

耸于庭院中的禊赏亭，亭名取自东晋王羲之等人于兰亭曲水流觞的故事，有的园林中也称为流杯亭

中心位置却不在园内的中轴线上，这也有别于皇家苑囿所遵循的方圆规矩的封建礼制布局方式。作为乾隆花园中最高大的建筑，符望阁是当时重点营建的项目之一。符望阁平面为方形，面阔、进深均为五开间，内部房间错综复杂，素有"迷楼"之称。两层的楼阁把整个院落提升为乾隆花园空间序列的高潮。由于阁的体量高大，在四周布置景致作为对景，以丰富园林景观层次。阁前假山高峻挺拔，上植青松翠柏，以松荫遮天来衬托楼的雄伟；山巅建重檐攒尖顶碧螺亭，蓝色琉璃瓦，绛紫色剪边，与符望阁遥相呼应。西有歇山式屋顶的玉粹轩互为对景，向北则又把倦勤斋借入眼底。

阁后九开间的倦勤斋，其东侧五间正好与符望阁的五开间相对，以走廊相连，这样就把倦勤斋与符望阁间的空地划分为两个小庭院。东院是作为花园的收尾部分而出现的。透过庭院的回廊，可望到西院的情况。院中砌一道红墙，平面为弯弓形，上嵌琉璃花边的漏窗，正中开八角形洞门。从洞门的画框中可观赏到假山上玲珑轻盈的竹香馆，建筑的下层被山石包砌，上层楼梯采用爬山游廊的形式，向南可通往玉粹轩，北可达倦勤斋室内的戏台。优美的山石和廊馆把呆板的西面宫墙完全遮挡起来，这也是园林中常用到的藏拙的手法。

乾隆花园在整体布局上学习江南园林曲折幽深的特点，景观层次丰富多变。但在内外檐装修上却极尽华丽，建筑多用黄、绿两色的琉璃，金碧辉煌，屋檐下绘制青绿为主的苏式彩画，色彩缤纷，而这些又正是皇家园林的特色。

乾隆花园鸟瞰图

进门的假山，有"开门见山"之意，在园林中称为"障景"

褉赏亭，取意东晋王羲之在绍兴兰亭曲水流觞的典故

矩亭，四角攒尖顶，位于园内东南角，建于山顶

遂初堂为穿堂式建筑，卷棚歇山琉璃瓦顶，带回廊，左右有抄手游廊连接东西厢房

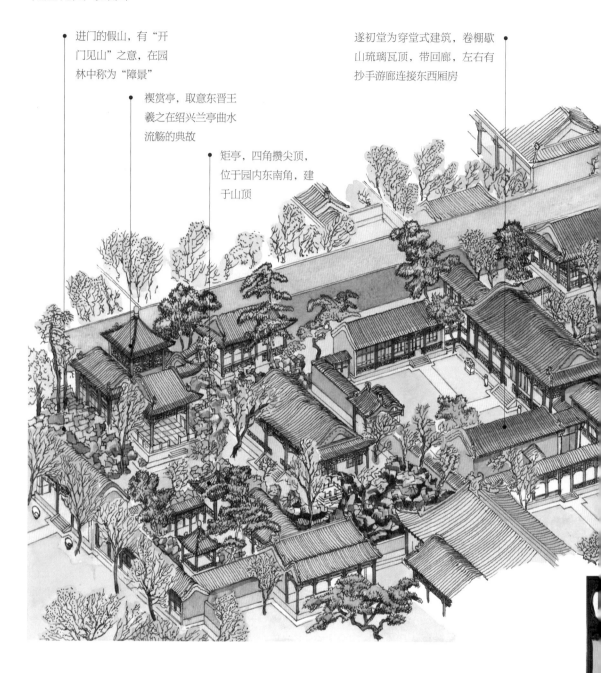

遂初堂为花园内第二进院落的主体建筑，这里与其他院落不同，采用三合院形式，布局封闭严整。遂初堂室内装饰装修精致华贵，图为室内博古架

萃赏楼，与古华轩、遂初堂和
符望阁处于一条轴线上

符望阁，园内的主体建筑

承露台，与北海琼华岛的铜仙承露台相
比，少了上部的铜人和托盘，但二者的象
征意义是一样的，与"一池三山"同为皇
家园林中的传统元素

园内假山用石避免单一，湖石、笋石等多种石材并用，不同质感的山石相互衬托，相互弥补

符望阁前奇石林立，假山高耸，气势壮观，也有单独立石成景的湖石盆景小品，为园林景观起到了很好的修饰作用

乾隆花园第一进院落西南角的撷芳亭

乾隆花园的南大门衍祺门

耸秀亭位于第三进院落萃赏楼楼前的假山上，南北正对萃赏楼西次间，从东西方向上看，又正处于三友轩和萃赏楼的中间。这样，在不同的建筑内可以从不同角度观赏到亭子

旭辉亭前的山石和植物

符望阁正立面图

符望阁为一座亭式楼阁建筑，外观为两层，上为攒尖顶，覆盖黄色琉璃瓦，阁顶装饰有圆形宝顶，阁下部为须弥座式台基，台基前后有阶梯可上下，阶梯两边带有望柱栏板。符望阁是观赏整个花园景致的最佳位置，同时还可观东、南两面的三宫六院，北望景山，西眺北海。树木亭台、山水楼阁尽在眼前。

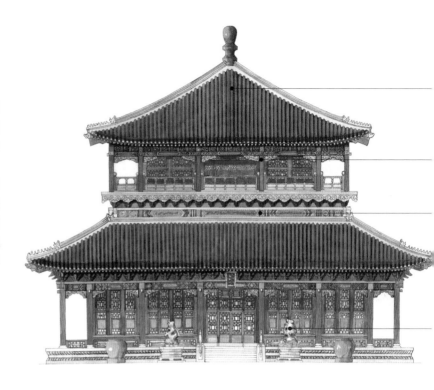

碧螺亭，造型别致，为一座重檐小圆亭，平面呈五瓣梅花状，蓝色琉璃屋面，绛紫色剪边，与黄瓦绿边的萃赏楼相映成趣

萃赏楼为第三进院落的主体建筑，西侧带游廊，与第四进院落中的养和精舍相接

面阔、进深各五间，平面
形，是一个亭式大楼阁

的柱都是方柱，和大部分
的皇家建筑有所不同

中间突出一层平座，这样
量上有了束腰的灵巧感

设置一对湖石作为装饰，
贴近自然

花园内主体建筑大多前带廊，扩大了建筑
的使用空间

精舍是乾隆皇帝的藏书楼，平
尺形，前带廊

古华轩院落内建筑较多，布置也自由灵
活，山石花木点缀其中，自成风景

碧螺亭、养和精舍正立面图

乾隆花园第四进院落是整个花园的重心所在，院落的布局灵活自由，以
符望阁为中心因势构筑亭台假山，园景层次丰富多变，图中所示为院落
东部养和精舍和碧螺亭正立面图。

慈宁宫花园

移情养性，安逸之致

慈宁宫花园位于慈宁宫西南侧，是在明代建筑的基础上增建而成的。清代顺治、乾隆年间有过一些添改，但基本格局保持未变。

与其他内廷花园略有不同，园内没有过多的建筑和假山，建筑较为疏朗。布局上，采取纵横均齐的几何式，呈现严谨的对称格局，但与御花园的均衡规整还不太一样。首先在整体布局上，御花园作为故宫中路建筑群的延续部分，为了与前面的宫殿建筑群保持一致，根据地形地面情况确定出东、中、西三路平行并列的方正规矩的格局，宫廷氛围浓厚。慈宁宫花园处于故宫辅路的附属位置，离故宫轴心建筑相对较远，受其影响相对较小，布置上更为灵活自由。御花园内的建筑无论形制大小，都采用黄琉璃瓦，庄严富丽。慈宁宫花园除后部咸若馆庭院及前院主体建筑临溪亭使用琉璃材料外，其他建筑大多使用朴素的灰瓦，使建筑的主从关系明确清晰，这是二者的又一不同点。

花园呈南北走向，建筑以南北中轴线为轴左右分列，可以以中部偏南的临溪亭为界，将前后大致分为两个院落。前院面积较小且建筑极少。宫墙南端正中开门，名"揽胜"，作为花园的大门。进门即有叠石山一座，有"开门见山"之意，而从园林造景的角度分析，石山起到了障景的作用。正如其他建筑设影壁，作用都是一样的，主要是为遮挡人们的视线，避免一进门就一眼望穿，把园内景物统摄眼底。慈宁宫花园前院空间

临溪亭立面图

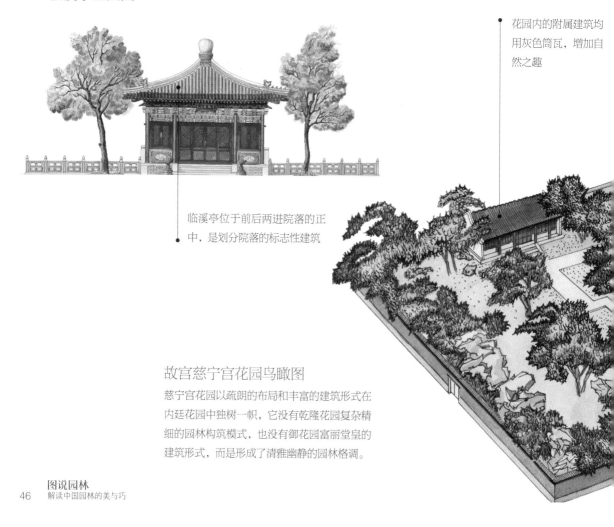

花园内的附属建筑均用灰色筒瓦，增加自然之趣

临溪亭位于前后两进院落的正中，是划分院落的标志性建筑

故宫慈宁宫花园鸟瞰图

慈宁宫花园以疏朗的布局和丰富的建筑形式在内廷花园中独树一帜，它没有乾隆花园复杂精细的园林构筑模式，也没有御花园富丽堂皇的建筑形式，而是形成了清雅幽静的园林格调。

开朗，没有可障景的建筑，因此进门置假山就显得很有必要。门后左右各有井亭一座，井亭后分别是前院的东西配房，配房后正中即为临溪亭。

临溪亭，顾名思义左右临溪，跨池而建。临溪亭由于其居中的位置和特殊的建筑形式成为前院的点睛之笔。园林的格调从这里开始由幽深、静谧转向亮敞、开阔。临溪亭以北即为后院。慈宁宫花园前后院落的划分，既不用墙垣界定，也不用廊连接围合，而是直接用建筑之间的位置关系和建筑风格来划分，没有明显的界线。例如后院，以咸若馆为中心，其东、西、北三面由三座两层建筑环绕，分别为宝相楼、吉云楼和慈荫楼。三座建筑都倚墙而建，体量和外观造型与中心的咸若馆相映相称，十分协调。就连建筑的性质都力求一致，四座楼内均供有佛像，摆置宝塔、五供、佛八宝等佛家吉祥物作为装饰。

园内植物配置丰富，北部建筑之间夹植松柏，早期还有玉兰，南部树木种类较多，以松柏为主，槐树、楸树、银杏、青桐、玉兰、海棠、丁香、榆叶梅等散植其间，整个小园浓荫蔽日，满目苍翠，别具空旷清幽的意境。

与其他内廷花园相比，慈宁宫花园内的水景还算较多。水池的平面形状多为规整的几何形，体现了宫廷建筑的严整

咸若馆，慈宁宫花园内的正殿，在整个花园后院中占了很大的比例。殿内设有须弥座高台，上供奉佛像，台前置宝塔、五供、佛八宝等物

慈荫楼在花园的最北部，也是一座佛楼，下层西间设楼梯，上层室内设置与咸若馆相似

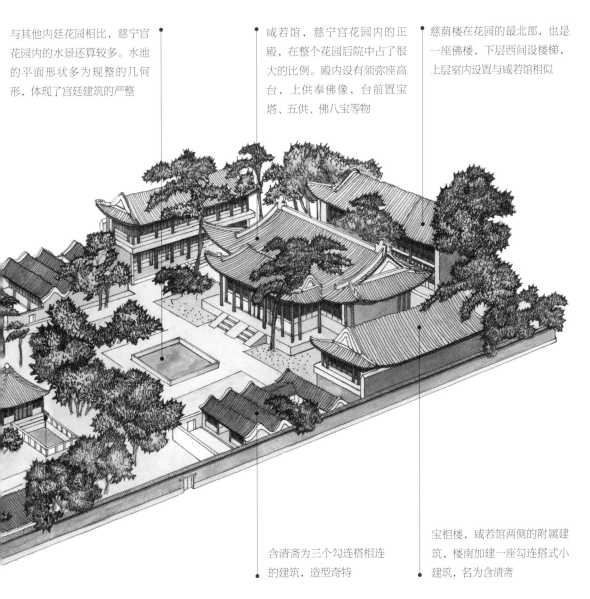

含清斋为三个勾连搭相连的建筑，造型奇特

宝相楼，咸若馆两侧的附属建筑，楼南加建一座勾连搭式小建筑，名为含清斋

故宫外的筒子河水源也算丰富，但只作为一种防护措施，并没有纳于宫廷用水之中

咸若馆东立面图

正殿咸若馆尺度较大，建筑浑厚典雅，造型优美，平缓的歇山坡面与柔和的卷棚结合得自然和谐，把建筑的轮廓勾勒得十分完美。

殿前加建卷棚歇山的抱厦三间，增强了建筑的气势

屋顶覆黄色琉璃瓦，戗脊上有走兽装饰

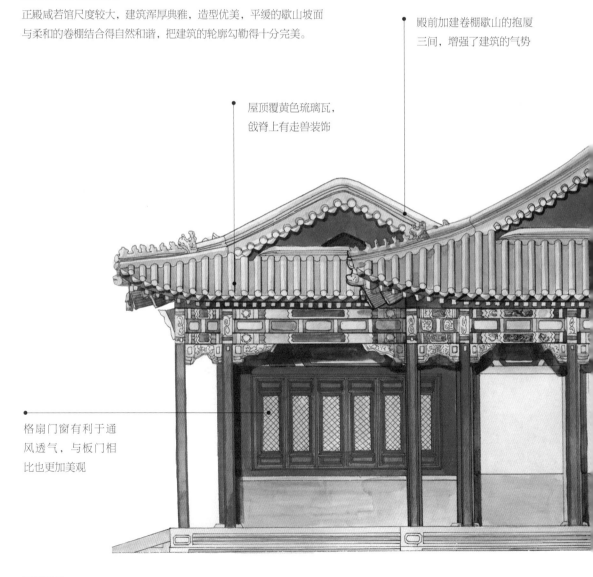

格扇门窗有利于通风透气，与板门相比也更加美观

咸若馆正立面

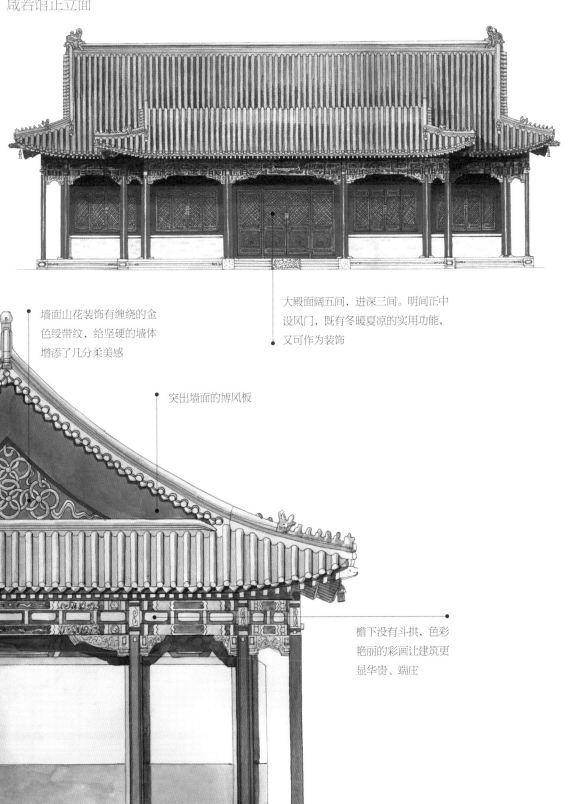

墙面山花装饰有缠绕的金色绶带纹，给坚硬的墙体增添了几分柔美感

大殿面阔五间，进深三间。明间正中设风门，既有冬暖夏凉的实用功能，又可作为装饰

突出墙面的博风板

檐下没有斗拱，色彩艳丽的彩画让建筑更显华贵、端庄

颐和园

移天缩地在君怀

颐和园坐落于北京西北郊，占地面积约300公顷，是北京地区现存规模最大、保存最完整的皇家园林。它也是封建王朝在北京地区建的最后一座皇家园林。其宏大的规模和高超的造园艺术水平堪称中国古典园林的典范。

颐和园原名清漪园，始建于乾隆年间。乾隆初年，北京造园活动兴盛，园林用水剧增。为解决园林和宫廷用水的需要，皇帝开始对北京西北郊进行大规模的水系整治。其中包括对西湖的疏浚和开拓，工程完成后西湖改名为昆明湖。为庆祝皇太后钮祜禄氏六十大寿，在瓮山圆静寺旧址兴建大型佛寺"大报恩延寿寺"，同年三月十三日发布上谕，改瓮山为万寿山。在建设佛寺的同时，万寿山南麓沿湖一带的厅、堂、楼、榭、廊、桥等园林建筑也陆续破土动工。清漪园工程前后历时15年完

二宫门壁画，色彩丰富艳丽

颐和园前山景区正立面图

位于北京西北郊的颐和园是清代三山五园之一，也是北京地区目前保存最为完好的一座大型人工山水园林，它是中国古典园林艺术的典范。

宝云阁通高7.5米，重约207吨

云松巢正厅面阔五间，前出抱厦

邵窝殿尺度较小，爬山廊的宽度仅1.32米，柱高仅2.3米

排云殿院落进深　米，东西面阔6

成。乾隆时期是中国古典园林发展的成熟时期，园林艺术水平达到顶峰，形成了完整的艺术体系。

这一时期的皇家园林继承了以往皇家园林的传统，又有所创新，皇家气派也更为突出。乾隆皇帝六次巡幸江南，在造园方面吸取了不少江南园林的养分，规划设计手法的效仿，意境和情趣的模仿，缩移摹写各地名园并进行再创造，创造出了兼具北方园林恢宏大气与南方园林秀美多姿的历史名园。

1860年，英法联军入侵北京，焚毁了"三山五园"(圆明园、畅春园、香山静宜园、玉泉山静明园和万寿山清漪园)，清漪园惨遭浩劫。慈禧垂帘听政后，挪用海军费用重修清漪园，并改名为颐和园。1900年，颐和园再次遭劫，八国联军烧毁了园内大量建筑，园内许多文物陈设也被洗劫。慈禧回京后，对颐和园东部景区进行再次修缮。

颐和园宝云阁梁架、门窗、墙体以及其他细部构件全部用铜铸成，造价极其昂贵，造型精美，就连亭上的风铃装饰也为铜质，是颐和园内较为特别的一座建筑。这样造价昂贵的园林建筑，恐怕只有在用国家的财力和物力营建的皇家园林中才能看到

佛香阁，三层四重檐，体量庞大，是前山景区的构图中心

转轮藏庭院正中有一座高大的湖石石碑，是仿河南嵩山阳观唐碑样式

写秋轩，东侧寻云亭，西侧观生意亭

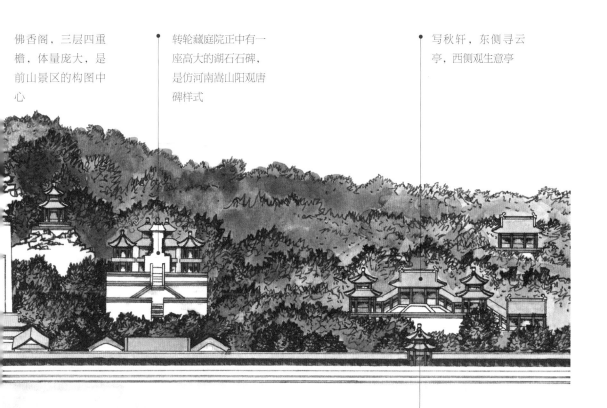

寄澜亭与其上的写秋轩在同一轴线上

宝云阁，仿木结构，柱、梁、瓦、斗拱、匾额、对联等构件全为铜铸，
这里曾是帝后拜佛诵经的地方

听鹂馆居万寿山西麓，面朝昆明湖，背靠万寿山，为慈禧太后欣赏
戏曲与音乐的地方，借黄鹂鸟叫声比喻音乐动听，故名"听鹂馆"

澹宁堂后院的跌落廊，层层错落，组合出层次分明、富有动感的景观

须弥灵境是颐和园后山主要建筑群

湖光山色共一楼，东为云松巢，西接听鹂馆，北有山路通往画中游

西部的玉泉山玉峰塔是很好的园外借景

画中游居万寿山西部，居于其中可俯瞰昆明湖和环绕万寿山的景观

图说园林
解读中国园林的美与巧

颐和园前山景区鸟瞰图

颐和园总体可以分为前山景区、后山景区、昆明湖区和东宫门宫殿区。前山景区是主要景区，建筑数量众多，建筑规制也较高，布局依山就势，但仍有明确的轴线。

排云殿有承上启下的作用，北面的佛香阁则是最高点

主体建筑两侧的配殿严格对称，从气势和体量上都要比正殿稍逊一筹，起着烘托陪衬的作用

前山轴线从排云殿前广场的云辉玉宇牌楼开始，拉开整组建筑群的序幕

佛香阁——佛香俱往矣

清代的皇家园林中大多有佛寺建筑，北海北岸有极乐世界，圆明园有汇万总春之庙、慈云普护、法慧寺等，颐和园不仅在后山修筑智慧海、须弥灵境、多宝琉璃塔等宗教建筑，更在前山的山腰处建三层楼阁佛香阁。园林与佛教建筑相结合，产生了两种建筑形式。一种为带有园林性质的寺庙，习惯上被人们称为寺观园林，但实质上是寺庙。另一种就是园林中的佛寺建筑。寺观园林的产生与中国宗教世俗化、生活化密不可分，而园林中广建佛寺、道观则又要归于封建帝王的君主专政。历代帝王坐上皇帝的宝座后，享尽人间荣华富贵，无不想江山永固。为此，他们一方面在政治、经济、文化上采取一些有利于自己统治的措施，另一方面则寄情于宗教信仰，祈佛祖庇佑，寻求精神上的寄托。今佛香阁所在地原为大报恩延寿寺的一座九层佛塔延寿塔。塔仿杭州钱塘江开化寺的六和塔而建，于1750年开始动工，经过九年的营建，到1758年已建到第八层，即将完工之际发现塔身出现坍塌的迹象，于是被迫停工拆除，在其旧基上改建佛楼，1760年佛楼改建完工，即今日佛香阁的前身。佛香阁之名，取自佛经《维摩诘经·香积佛品》："有国名众香，佛号香积。今现在其国香气比于十方诸佛世界人天之香，最为第一……其界一切皆以香作楼阁。"佛香阁三层都有匾额，下层"云外天香"意为佛祖的功德散播得很远，直飘云外；中层"气象昭回"象征国运昌盛，气象光明；上层"式扬风教"喻指宣传风俗与教化。由此也可推想乾隆皇帝当年建阁的初衷。

抛开历史的因素，单从建筑本身以及颐和园整体布局来看，佛香阁同样引人注目。

佛香阁平面呈八角形，三层、四重檐攒尖顶，黄色琉璃瓦覆面，坐落在方形的白色石座上，依山势而建。建筑体态稳重端庄，与崎岖凹凸的万寿山形成对照。同时，柔曲的山形也更能衬托出建筑轮廓的硬朗优美，二者可谓是相得益彰，相互映衬。

从画中游俯瞰昆明湖景区，山下建筑赫然在目，成组的亭阁掩映在绿树丛中，愈显玲珑峭拔，远处的昆明湖平静淡远，山色、湖光、楼阁共同构成一幅美丽的山水画卷

泛舟于昆明湖上，通常可以在距佛香阁160~1200米的范围内，很清楚地看到它的全貌。也就是从前山南麓沿湖一带的平地，到里湖的北半部水域，都可以看到佛香阁巍峨端庄的形象，正因如此，它成了前山景点的重中之重。

佛香阁建在半山腰而没有建在山顶上，是因为它体量过于庞大，倘若建在山顶上，则会出现阁宇轮廓在尺度上不对称的情况。建在山腰上就可以构成中央建筑群侧面起伏的层次感，从而对前山平坦的地势进行弥补。建筑在山腰之上，东西两侧是假山，北面是一座天然的真山屏障。这些地质特色对于处在中心位置的佛香阁而言，更多是起衬托作用。它自身也因为三面的陪衬而更具稳定性。

佛香阁将它点景的作用发挥到了极致。居高临下、眼界开阔的条件使其成为园外借景和观赏湖景的好地方。从回廊向南望去，湖面上的堤、桥、岛和琉璃屋顶是眼前的近景，远景是一望无际的田野，远景、近景构成一幅层次丰富的秀美画卷。东望有畅春园的全貌，西面是西山、玉泉山与园内的景色相互映衬。

雪后的万寿山没有了昔日的张扬与绚丽，却多了几分妩媚、悠然的气质

无论是近观还是远望，佛香阁无疑是前山最亮眼的建筑

谐趣园——园中之园

皇家园林汇集天下美景于一身的特点，早在宋徽宗时期修建的皇家园林艮岳中已有体现。不过与颐和园相比，艮岳的汇集手法还略显稚嫩，无非也就是对全国各地的名山大川进行浓缩式的再创造，只能说是宋人确实是有了"移天缩地在君怀"的理想，却没有用实践把它完美地表现出来。清代皇家园林则另当别论。首先，清代的园林山水不再单纯地停留在对大自然中的山水原型进行模拟的阶段，而是对已经成型的、模拟自然山水的园林艺术品进行的一次再创造，人们常常把皇家园林的这种二次创造称为模仿或仿照。其次，随着社会的不断发展，经济、科学、文化的发展为这种理想的实现提供了必要的物质基础和精神基础。

康熙、乾隆在位期间是清王朝的鼎盛时期。祖孙二人治国有道，开创了"康乾盛世"的局面；但他们并不满足深居宫苑的生活，开始寻求在自然宁静、风景优美的环境中居住和处理朝政。他们曾多次南巡，对扬州、无锡、杭州、苏州等江南水乡名园流连忘返，且经常命随行的画师摹绘图纸，带回京城参考。北方的许多园林，尤其是北京、承德两地，吸收了大量的江南园林的造园特点。避暑山庄中的烟雨楼、文园狮子林、文津阁、天宇咸畅等景点，均是仿照南方的景观而造。北京颐和园、圆明园等皇家园林更是集各地名景于一身，是南北园林艺术的大荟萃。谐趣园就是在这一时期仿照江苏无锡寄畅园建成的。

谐趣园坐落于万寿山的东麓，是园中一座有名的园中园。园门开在西南角，一进门就能看到谐趣园的全景。全园以水池为中心，构筑出一片和谐悦目的水乡园林氛围。谐趣园模仿寄畅园，但又不拘泥于寄畅园的模式，而是根据自身的地形特点巧妙处理环境。

园内建筑环水而置，亭、台、馆、榭、廊、桥，无不因水而媚，建筑之间以长廊相连，不致形成零散无主的感觉。以涵远堂为主景，东西以湛清轩、澄爽斋为对景，池南又以洗秋、饮绿形成呼应之势，兰亭和知春亭、澄爽斋和知春堂分别为对景，这样使整个园林的建筑对称关系十分明确。园内建筑大多低矮，除瞩新楼为两层外，其余均为一层。同样为一层的建筑，洗秋、饮绿、知春亭等临水而建的亭榭，台明(台基四周高出室外地平的垂直台壁部分)只有两步，而涵远堂、湛清轩、知春堂这些离水面稍远的轩堂，

为了突出观赏的效果，台明分别加高为六步、七步和十一步。所有建筑均采用灰色布瓦，很是古朴，亭、榭等观景建筑多为攒尖顶，厅堂则为柔和的卷棚歇山顶，突显出江南小园林的精致细腻。

与素洁、雅观的外部相比，建筑的内部装修要华美许多，特别是涵远堂、澄爽斋等主要建筑，室内装饰有名贵的紫檀、红木雕花的落地罩和隔扇，雕工极为精细讲究。这也说明皇家建筑对民间园林"仿"得再专业，也永远不会抛下皇家的气派和威严。

谐趣园的宫门建在西南角，入园即可见南侧的知春亭

园内建筑大多面水，以游廊相连，因此形成以水池为中心的建筑布局。"洗秋"是一座面阔三间的敞厅，因临水而建，所以具有水榭的性质，其北部的"饮绿"则是一座名副其实的水榭

图说园林
解读中国园林的美与巧

谐趣园鸟瞰图

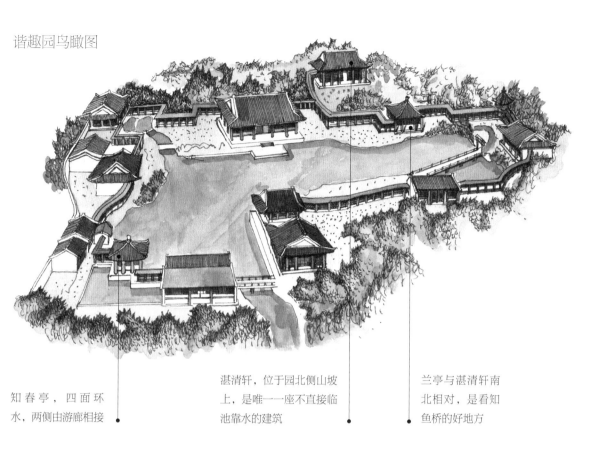

知春亭，四面环水，两侧由游廊相接

湛清轩，位于园北侧山坡上，是唯一一座不直接临池靠水的建筑

兰亭与湛清轩南北相对，是看知鱼桥的好地方

知鱼桥正立面图

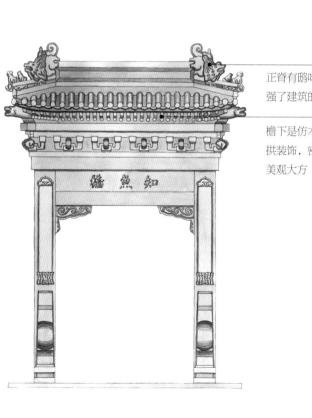

正脊有鸱吻装饰，加强了建筑的厚重感

檐下是仿木结构的斗拱装饰，密密麻麻，美观大方

知鱼桥侧立面图

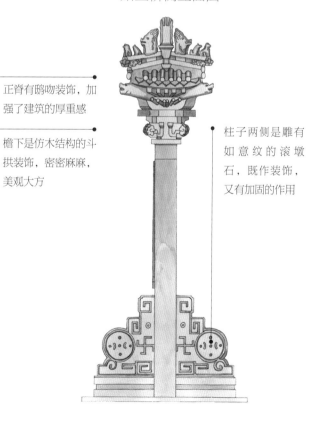

柱子两侧是雕有如意纹的滚墩石，既作装饰，又有加固的作用

十七孔桥——长虹卧波

在南湖岛和东堤之间，一虹长桥横卧其间。这就是因桥下共有十七孔桥洞而得名的十七孔桥。十七孔桥是颐和园昆明湖上最重要的景点之一，它东连廓如亭，西接南湖岛，全长150米，宽6.56米，是昆明湖上第一桥。桥栏望柱的柱头上雕有姿态各异的石狮子共五百余只，是桥上的一道景观。

据说，十七孔桥是仿卢沟桥而建，二者在宏观的体态和某些细部上确有相似之处。但卢沟桥的兴建是出于生活交通的需要，十七孔桥则是因造园布局和景观的需要而产生的。卢沟桥桥面平直，十七孔桥呈现的是优美的弧形，为名副其实的拱桥。从力学上分析，拱桥结构比平桥更加坚固，同时可以节省更多的工料、工时。从园林造景的角度来看，平直的桥面不适合大面积的水面造景。而有着柔美曲线的拱桥则不同，它既可以避免长桥本身的呆板感，产生一种若有若无的动感，又可以减轻辽阔水面的单调感，丰富水面景观层次。十七孔桥与东西两侧的廓如亭、南湖岛相接，两起一落，形成了岛、桥、亭三者相互衬托的造景关系，这组景观隔湖与万寿山上的佛香阁遥相呼应。

十七孔桥春色如许，想必烟花三月的西湖也不过如此

桥东的廓如亭，体态匀称，与修长的桥体形成鲜明的对比

整座桥有十七个孔桥洞，所以称为十七孔桥。洁白的汉白玉石桥桥身窈窕飘逸，横跨水面，宛如长虹卧波

武圣祠前的石桥，桥上建重檐四角的小亭

十七孔桥仿照卢沟桥而建，桥上柱头都雕刻有狮子，千姿百态，生动传神

鱼藻轩，长廊西端的一座水榭，与东端的对鸥舫相对应

廓如亭、十七孔桥和南湖岛三者在昆明湖上划出一条优美的弧线

　　如果说，十七孔桥作为水面上一处引人注目的景观，展现的是其本身的魅力，那么作为分隔昆明湖水域的建筑，其发挥的则是桥梁建筑的另一种延伸作用——界定空间。水面区域的划分不同于地面空间的界定，地面空间的界定更具随意性，一道墙、一扇门、一面影壁等都可以完成空间划分。相对于地面空间的界定，水的流动性和连续性，使这种划分的明确程度不是太高，通常人们会选择在湖中筑岛或建桥，从而在一个形式上有一个划分。相对来说，用桥划分水面更为简单明了。昆明湖若是没有十七孔桥的分隔，没有十七孔桥协调、平衡堤岸与南湖岛上的建筑比例，即使再造出万种风情，也会逊色不少。

南湖岛涵虚堂立面图

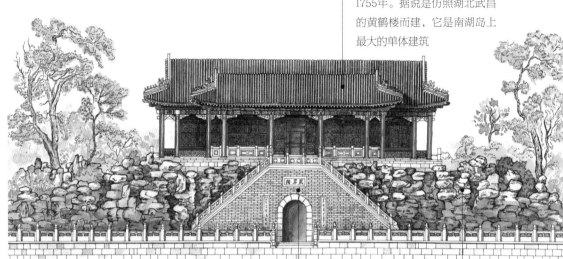

涵虚堂，原名望蟾阁，建于1755年。据说是仿照湖北武昌的黄鹤楼而建，它是南湖岛上最大的单体建筑

岚翠间，夹于青石峰间的一个石洞。正对昆明湖，洞前有石砌码头，由此可登舟泛湖

由青石堆砌的假山代替石质台阶，更富自然之趣

文昌阁北立面图

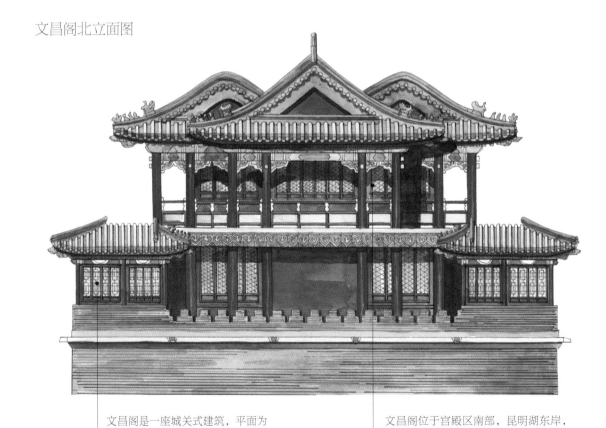

文昌阁是一座城关式建筑，平面为方形，四角建有琉璃瓦小亭

文昌阁位于宫殿区南部，昆明湖东岸，是一座三层高阁，阁内供奉文昌帝君坐像

德和园——鼓乐跌宕颐养千年

宫廷区中部乐寿堂正东，毗邻宜芸馆的一组四进院落为德和园。德和园建于乾隆年间，原名怡春堂，是专供慈禧看戏的地方。颐和园内原来有听鹂馆小戏楼，但其规模和所处的位置均不能满足生活奢靡的慈禧太后，于是又在慈禧的寝宫乐寿堂东建德和园。这样一是方便太后看戏，二是方便演员以及赏赐大臣出入，因为德和园离东宫门不远。据史料记载，德和园建成后，慈禧每次来园的第二天必来看戏，此园成为她使用最多的娱乐场所之一。园内主体建筑为大戏楼，高21米。戏楼共有三层台面，分别为"福台""禄台"和"寿台"。在三层舞台之间，均有天地井上下通连，可表演升仙、下凡、入地等情节的戏剧。最下层的寿台是演戏的场所，戏台底部放置有水缸，可布置水法，起到聚音和共鸣的作用，增强演出的音响效果。寿台前有扮戏楼，作为演员们化妆换衣服的地方。德和园大戏楼没有一般的观众席，慈禧太后在对面的颐乐殿内由后妃公主们陪同看戏，光绪皇帝则在前廊下陪看，另有王公大臣等也端坐廊前陪看。

德和楼的主体建筑有三层，多数的时候只用一层，却必须建三层，象征天、地、人。这也是一种封建礼制的表现。清代戏楼发展的鼎盛时期，皇家戏楼吸收当时民间戏楼的特点，在传统的戏台基础上建成。清代宫廷有三大戏楼，分别是故宫的畅音阁、热河行宫的清音阁和颐和园的德和楼。前两个都建于乾隆年间，只有德和楼建于清末，专为慈禧太后六十大寿而建。戏楼采用民间常见的三面开口伸出式的造型，建筑宏伟，装饰华丽。民间戏楼三面开口，目的是让台下的观众可以从戏台的三面看戏，表现的是"与人同乐"场面。德和楼虽然也三面开口，却把重点放在一面，是供慈禧一人欣赏的舞台。清末京剧繁盛，当时著名京剧演员谭鑫培、杨小楼等都曾在此为慈禧太后演戏。

入口处的屏门，具有影壁的作用

德和园正门匾额

德辉殿梁枋上的和玺彩画。和玺彩画是彩画中等级最高的一种形式

颐乐殿内景

德和园鸟瞰图

颐和园内建筑形式丰富，建筑功能也多种多样。在这些丰富多彩的建筑中，
德和园规模庞大，特色也很鲜明，是一组专供看戏用的建筑群。

德和园的入口尺寸很
小，入口里面为一个
五福捧寿图案的小影
壁

戏楼的背部有一个巨
大的抱厦。抱厦、中
厅和戏楼都是卷棚歇
山顶，十分协调

第三层檐口距
离地面18米

颐乐殿正对大戏楼，是专供慈禧看戏的地方。图为慈禧看戏时的座椅，座后有绘有花卉的玻璃围屏

大戏楼的外部造型十分优美，戏台本身高三层，每层都有屋檐

戏楼的一圈环绕围廊，是大臣们陪慈禧太后看戏的地方。光绪皇帝也在廊内陪看

颐乐殿是慈禧太后看戏的地方，为七开间卷棚歇山顶，但没有使用琉璃瓦

戏楼的后部为一个两层的大殿，二楼作为戏台的后台来使用

德和园院内铜凤凰。凤凰是古代传说中的鸟，简称凤。雄的叫凤，雌的叫凰。《礼记·礼运》中把："凤、龟、麟、龙谓之四灵。"《史记·日者列传》："凤凰不与燕雀为群。"凤凰被人们看作是一种吉祥的动物。皇家建筑中常把它与龙、麒麟等祥瑞动物摆放在一起，烘托建筑空间氛围，同时也是一种装饰

大戏楼正立面图

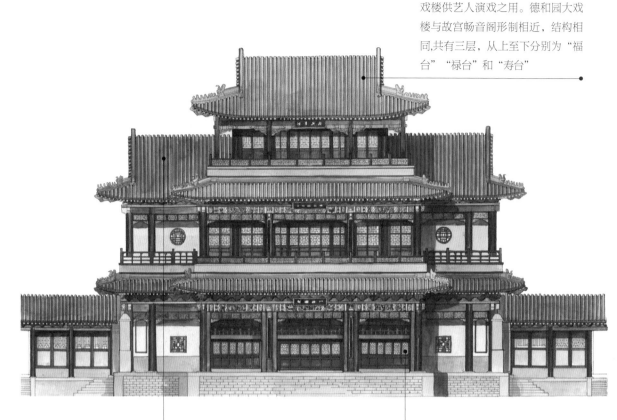

戏楼供艺人演戏之用。德和园大戏楼与故宫畅音阁形制相近，结构相同，共有三层，从上至下分别为"福台""禄台"和"寿台"

扮戏殿是艺人化妆的地方，殿内有楼梯通向禄台，也就是戏楼的二层

最下层的寿台是演戏的场所，寿台下设地下室，里面有一口水井，以供表演"飞龙喷水""水漫金山"等有水的场景时用

长廊——流动的文化乐章

计成在《园冶》中说："廊者……宜曲宜长则胜。"颐和园昆明湖北岸长廊很好地体现了这一点。廊东起乐寿堂邀月门，西至石丈亭，全长728米，共有273间，是我国古典园林中最长的游廊。为避免长廊过长过直的单调感，廊的中部随湖岸弯曲呈新月状，在排云门部分又向内折，形成临湖的广场，并以排云门为中心呈两边对称。在立面上因势巧置，穿插四座亭子和两座水榭作为点缀。宫廷区与前山排云门之间临湖地段狭长，离湖面又有一段距离，不宜建小巧的亭榭，而殿堂一般体量较大，建筑密度太高容易破坏园林的湖山之胜。因此以长廊作为宫廷区向前山景区的过渡，既填补了临湖地段的空白，又很好地利用了空间。

长廊的内檐彩画精致美观，是长廊的主要看点。长廊彩画内容丰富多彩，造型随意自然。彩画的题材大致可分为：山水、花鸟和人物故事三类。颐和园山水构架仿杭州西湖，山涧水畔多带有江南山水明媚秀丽的特点。这些模拟江南的真实景观与廊内南国写景互相呼应，互相补充，虚实结合，营造出变幻多姿的园林境界。花鸟作品以寓意吉祥的花鸟组合图案为主。除此之外，历史故事、神话传说、戏曲、小说等人物题材同样出众精彩，画面生动形象，内容广泛，以一些有代表性的符合封建社会伦理道德的题材见多，如《孔融让梨》《程门立雪》《精忠报国》《大禹治水》等，主题突出，立意明确。

颐和园长廊与佛香阁、排云殿合称颐和园三大标志性建筑

长廊彩画题材丰富多样，最精彩的应属人物故事彩画

昆明湖西岸耕织图长廊上的彩画也表现出绚丽多彩的特点

颐和园长廊立面图（局部）

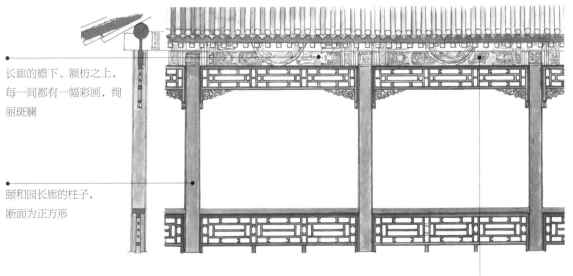

长廊的檐下、额枋之上，每一间都有一幅彩画，绚丽斑斓

颐和园长廊的柱子，断面为正方形

绘画的题材有亭台楼榭、湖光山色、林中飞禽、水下游鱼、园中牡丹、池上荷莲，其中最吸引人的是人物故事

霁清轩——仰可观山，俯可听泉

霁清轩在谐趣园北面，两座小园林位于同一条轴线上，一南一北，一虚一实，一柔一硬，一个水景园，一个山地园，二者相互衬托，各有精致可观。霁清轩位于山上，北面地势突然下降，穿插松林、溪谷、回廊、山石、小亭，景色豁然明朗。这便是园林中常用的先藏后露的造园手法。

院内中心是巨石和峡谷，仰可观山，俯可听泉。一条峡谷从西南入园，贯穿其中，水急石坚，水石相撞发出清脆悦耳的声音，如玉琴轻抚。乾隆皇帝当年也有诗描写此景："引水出石峡，挹之若清泉……峡即琴之桐，水即琴之弦。"建筑拥山而建，院内正中的霁清轩是一座面阔三间、灰瓦卷棚歇山顶建筑，四周带回廊，西接清琴峡，东侧游廊沿下坡的山势做成半圆形的爬山廊，向北把穿堂殿和八角重檐亭连接起来。

由于庭院规模较小，造园者运用借景的手法来减少地域的限制。万寿山的东北面曾是一望无际的田野，绿树红花，景色怡然。正厅霁清轩的地面比北部游廊高出5米多，由厅向北望，如画的田野景色正好映入眼中，视线继续向远处伸展，山林风光无限。正如乾隆帝在《霁清轩》所说："向北堪骋望，绿云迷万顷。"由南向北望，居高临下，视野开阔；由北向南看，山石耸立，厅堂凛然。为了使仰景的效果更好，正厅建在正南巨石顶端，更突出其主体形象。清琴峡自西南的源口倾泻而下，具有飞动之美。东面假山上的方亭不仅加强了山势，与峡谷形成对峙之势，还恰当地协调了院内建筑的比例和密度。

院内建筑朴实无华，颇具自然之趣

霁清轩院内林荫蔽日，十分清幽

霁清轩环形游廊，半闭半开

霁清轩全景图

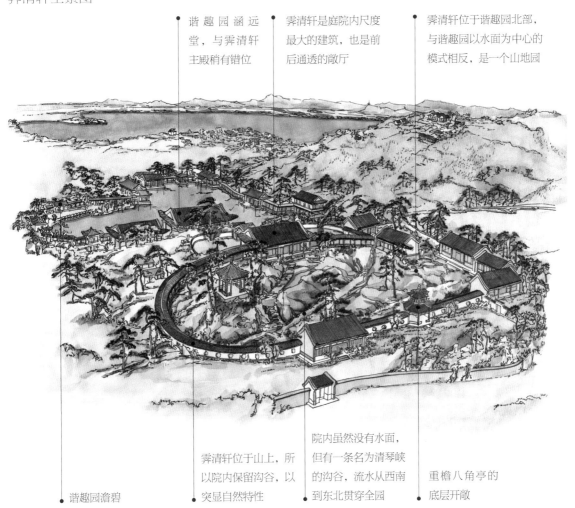

谐趣园涵远堂，与霁清轩主殿稍有错位

霁清轩是庭院内尺度最大的建筑，也是前后通透的敞厅

霁清轩位于谐趣园北部，与谐趣园以水面为中心的模式相反，是一个山地园

谐趣园澹碧

霁清轩位于山上，所以院内保留沟谷，以突显自然特性

院内虽然没有水面，但有一条名为清琴峡的沟谷，流水从西南到东北贯穿全园

重檐八角亭的底层开敞

清晏舫——碧波玉舫共一色

舫是园林中仿照船形建在水中的建筑。水中的部分为石砌，水上的部分大多为木造。船头用条石筑成连接池岸的跳板。船尾部分的建筑可为两层，供人登高观赏。舫的造景在园林中很普遍，尤其是在江南园林中，水景多有舫点缀。舫的建造位置要选择在有水的地方，不仅要有水，还要利于观水。舫本身的造型要优雅可观，与园林环境自然和谐，相得益彰。

颐和园清晏舫是北京最有名的石舫。清晏舫位于万寿山西麓昆明湖岸边，始建于乾隆二十二年(1757年)。舫身用巨石雕造而成，通长36米，上下两层舱房。取"水能载舟，亦能覆舟"之意，意在提醒清帝要勤政爱民，处理好与天下百姓的关系。舫以石建，象征大清王朝像磐石一样坚不可摧，长久永固。理想固然美好，而历史总是残酷的。清末，英法联军火烧清漪园，石舫上部舱楼被毁，下部因是石质

清晏舫前奇石

而得以保全。慈禧太后重修颐和园时，仿西洋轮船的式样，把上层中式的舱楼改成西式雕花层楼，使用了西式的拱券门窗，在石舫的两侧添加了两个石造的机轮。改建后的石舫造型以及细部装饰与园内其他传统建筑风格极不协调，不伦不类，可谓园内一大败笔。

万寿山西麓昆明湖岸的清晏舫，是湖面重要的点景建筑。因多次改建，现在的清晏舫为中西结合的建筑形式。但船头船尾颠倒，显得有些不伦不类

仁寿殿——智者乐，仁者寿

从东宫门进园，穿过仁寿门即见七间大殿仁寿殿。这是颐和园内宫廷区体量最庞大的建筑。设有宫廷区是皇家园林的主要特征之一。宫廷区的布局按照宫殿建筑格局而置，分为前朝、后寝两部分。前朝是皇帝处理政

东宫门、仁寿殿纵剖面图

仁寿殿面阔七间，屋顶采用卷棚歇山顶，不加设须弥座台基，有别于宫殿建筑

配殿，相对于院内其他建筑还是有一定的气势和规模

仁寿殿内铜龙装饰

仁寿殿的山花绘有描金绶带装饰，在宫殿建筑中比较常见

麒麟，传说中的祥瑞神兽，皇家建筑中常把它摆放在门前作为装饰

仁寿门，为牌楼式的院门，与东宫门的形制不同，以求变化

朝房，是朝廷众臣恭奉圣旨、等候上朝、处理政务的地方

东宫门是颐和园的正门，门前台阶正中镶嵌一块云龙石雕，精美异常

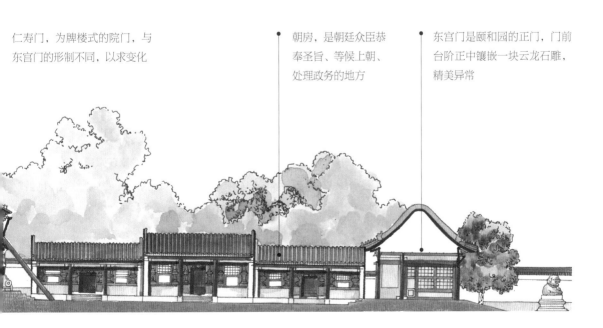

仁寿殿内景，家具陈设十分考究

　　务、临朝听政的场所，后寝是皇帝、后妃等居住休息、读书的地方。颐和园是清代皇家在京畿的一处离宫御苑，离紫禁城不是很近，再加上古代交通不方便，皇帝每次外出必有一段时间，少则几天，多则数月。因此就有必要在皇帝经常游幸的御苑中设置可以办公的地方。这样既不耽误处理政事，又可尽情游山玩水，两全其美，何乐而不为。

　　仁寿殿之名取自《论语·雍也》："智者乐，仁者寿"，是慈禧、光绪坐朝听政的大殿。同紫禁城的宫殿一样，门窗柱均用红色，雍容华贵。殿前陈列铜凤、铜香炉、铜缸，以显示皇家的气派。为了与颐和园的山水取得统一的效果，大殿屋顶采用柔和的卷棚歇山顶，朴素的青灰瓦代替华丽的琉璃瓦，不用装饰华美的须弥座，

图说园林
解读中国园林的美与巧

有意降低台基的高度，避免体量过大的正殿在不大的庭院内突兀而立，造成局促的空间氛围。台基四周没有栏杆，显得空旷。院内直立四块湖石，玲珑透空，姿态奇异，象征春夏秋冬四季。另植海棠数株，春暖花开之际，花团锦簇，香飘满院，活跃了庭院气氛。仁寿殿以西、玉澜堂以东原为清漪园时期宫廷区与苑林区的交界处，以树木山石代替墙垣，形成曲折幽静的假山通道。由仁寿殿后的台阶逶迤而去，可达玉澜堂东配殿霞芬室的穿堂门，再往南行，景象豁然开朗，一派湖光山色呈现在眼前。这就是园林中常用的"欲扬先抑"的造景手法。

排云殿——神仙排云出，但见金银台

颐和园前山中轴线上的建筑群，以排云殿为主体，随万寿山南坡的山势排列展开。建筑布局严格对称，以昆明湖岸边的"云辉玉宇"牌楼为前奏，北上排云门、二宫门，至排云殿，向上经德辉殿到佛香阁，最后以山顶的智慧海作结尾，层层递进，逐步升高。完美的空间序列是"建筑是凝固的音乐"的最好诠释。建筑之间以形式丰富的爬山廊相沟通，气势连贯。正如杜牧在《阿房宫赋》中描写的："五步一楼，十步一阁。廊腰缦回，檐牙高啄。各抱地势，钩心斗角。"

主轴线两侧的次轴线的位置也是完全对称，但是建筑形象有着明显的不同。在次轴线的外侧，又有云松亭和秋水亭、写秋轩和寄澜亭的对称布置构成两条辅助的轴线。前山有五条南北向平行并列的轴线，呈中心密集、两侧分散的特点，完全通过建筑的立体形象表现出来。基于这五条轴线的巧妙安排，整个前山景点布局完成了从松散到严密，又从严密归于松散的过渡，把前山的景点统一成一个有机的整体，而各景点又独自成景。

另外，层层的殿堂亭阁建筑把山坡坡面严严实实地覆盖在里面，与江苏镇江金山寺"寺包山"的格局相似。

乾隆时曾有规定，皇家御苑中，佛寺神庙建筑可用琉璃瓦，其

装修华丽的排云殿位于主轴线的上升部分

他殿堂建筑均不使用琉璃瓦。而排云殿建筑群独树一帜。这与建筑的功能性质有着很大的关系。排云殿基址原为乾隆时期大报恩延寿寺前部的三个台地院，是乾隆为其生母举行"万寿节"庆典而修建的。后慈禧太后在这里给自己建造了一座专供祝寿庆典的建筑。对于慈禧来说，宏大的场面是一定要有的，豪华的气派也是必不可少的。黄色琉璃瓦所呈现的金碧辉煌不仅是视觉上的冲击，更是权威与地位的象征；稳重典雅的重檐歇山顶，强调封建的等级制度。因此排云殿建筑群完全按照紫禁城宫殿的规模格式建造，满足了慈禧虚荣的心理，同时也突显了皇家建筑无可替代的魅力。

总体来看，排云殿建筑群布局规整，建筑富丽堂皇，是前山景区的点睛之笔，也为园林整体增添了一抹亮丽的色彩。

金缸上的神兽装饰

排云殿院内金缸，缸内注满清水，用于防火。随着科学技术的进步，金缸的实用功能逐渐减弱，而装饰效果仍很突出

昆明湖碑建在高台上,因此这个角度遮挡了转轮藏东配亭下部

万寿山昆明湖碑在前山主轴线的东侧

转轮藏建筑群立面图

转轮藏建筑群在佛香阁的东面，主要由藏经楼和两座配亭组成。

藏经楼，建于乾隆年间，仿杭州法云寺藏经阁而建。其屋顶造型十分别致，为三个勾连搭攒尖顶，上面装饰有福、禄、寿琉璃塑像

万寿山昆明湖石碑，位于藏经楼前广场上，高大挺拔，碑体由碑座、碑身、碑额三部分组成，造型端庄浑厚

东配亭，重檐八角，亭内设两层彩油木制转塔，是摆放经书的书架，只要轻轻一推，上下相通的木塔即可转动，所以称"转轮藏"

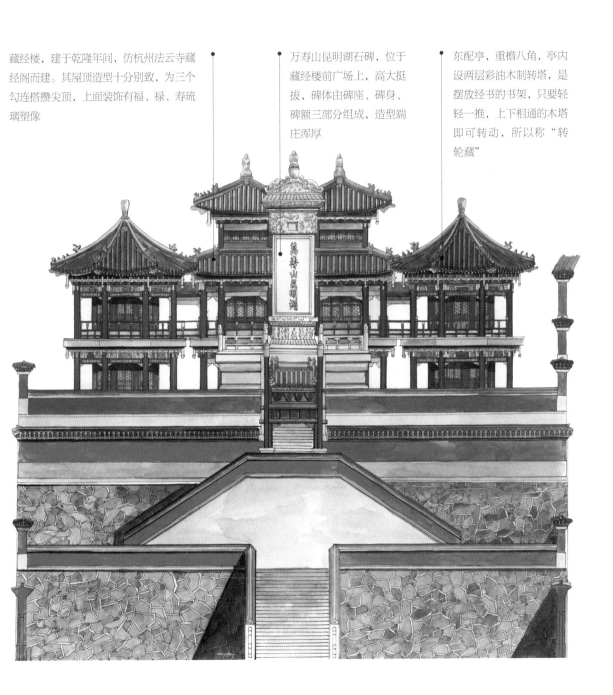

云辉玉宇牌楼正立面

牌楼是一种象征性的礼制建筑，中国传统建筑群常常以牌楼作为入口的引导，作用相当于门，但又不具备门的防卫功能。

枋 枋是牌楼装饰的重要部位。通常来说，石质牌楼在这里用石雕装饰，而木质牌楼则绘制色彩艳丽的彩画

云辉玉宇 牌楼正面题刻"云辉玉宇"四个字，意为华丽的宫殿与天上的彩云交相辉映，相互映衬。背面题刻"星拱瑶枢"，意为象征帝王权威的北斗星被众星环绕，显示了天子高高在上的地位和气派

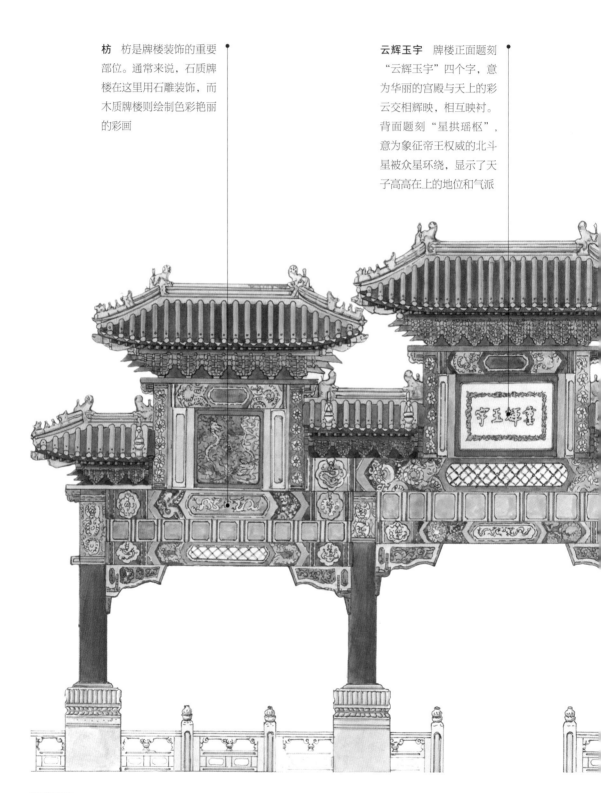

绚丽的彩画 绚丽的彩画是牌楼取悦众人目光的主要手段，木构牌楼多把彩画作为主要装饰

排云殿二宫门，红色的木制板门，每扇门上九九八十一颗金色门钉，是皇家建筑门类中的最高等级

雀替 雕饰华美的雀替充分表现出木结构装饰的神韵与味道，是其他材质的牌楼所不及的

栏杆 洁白的石质栏杆及望柱与绚丽夺目的牌楼在色彩和材质上形成强烈对比，从而加深了人们对牌楼的印象

苏州街——苑内设肆，与民同乐

封建帝王长期居住在高墙禁苑内，生活条件锦衣玉食，所到之处人前马后，享受着最高的待遇。但很难体会到普通百姓日出而作、日落而归的田园生活情趣，而出宫游街逛市、领略店肆林立百业竞争的场面的机会，更是少之又少。园林是帝王们最理想的天地，模拟真山真水自然不在话下，出于对民间生活的向往，在园林中仿民间生活场面设置景观也很常见。

乾隆皇帝多次南巡体察民情，对民间生活十分热爱，不仅在万寿山西麓的湖面上布置了反映农家耕作的耕织图，还在北宫门后湖和清晏舫之北设立两处买卖街。

1860年，买卖街被毁，慈禧重修时又恢复了后湖的买卖街。买卖街仿苏州市肆而立，因此又称苏州街。以河为街，两边店铺鳞次栉比，高低错落，建筑形式各异，却有共同的风格：青瓦粉墙，条石驳岸，朴素雅致的外檐装修，极具江南水乡风韵。店面采用北方风格的牌楼、牌坊、拍子三种形式，两种风格相互融合，别具风味。五颜六色的茶幡酒旗以及各行各业的幌子高悬在门前，随风飘曳。

苏州街立面图(局部)

为了求得参差错落的立面形式，表现生活的真实性，商铺的形式尽量多变，有单层的，有双层的，有的店面还采用牌楼形式

苏州街仿江南水乡集镇而建，由河网、桥梁和沿河两岸的店铺共同组成，为了体现这一特点，每隔一段距离就架设一座桥梁，桥梁的形式多种多样，有平桥、曲桥以及这种弧线优美的拱桥

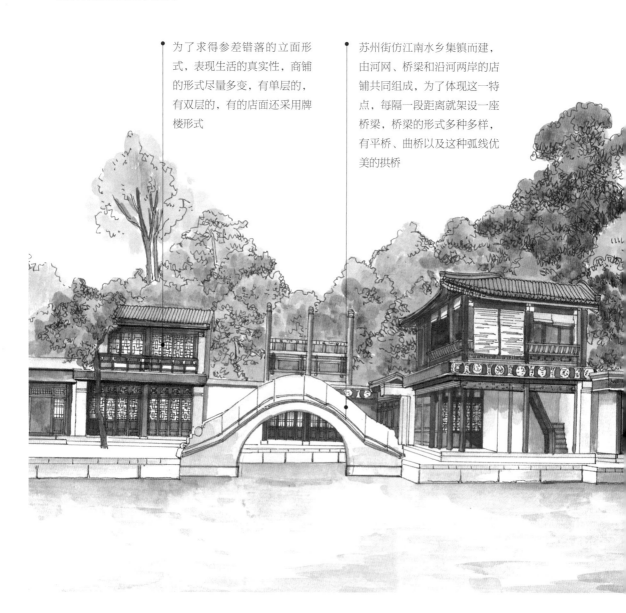

据史料记载，当年买卖街店面共计二百余间，有卖古玩的怡古斋、出售文房四宝的云翰斋、卖烟的吐云号、卖茶的品泉斋、卖鞋的履详斋等，各行各业应有尽有。帝后临幸时，太监们扮作店铺掌柜，皇帝、后妃亲自参与买卖，景象十分热闹。皇家园林修建买卖街的历史源远流长，早在魏晋南北朝北齐武成帝时期，在御苑仙都苑内就已有具有食宿情韵的买卖街，皇帝自己也参加买卖活动。后来北宋艮岳中有高阳酒家，也是类似的买卖场所。

从目前修复的苏州街的情况来看，买卖街东西两端分别以"寅辉""通云"两座城关作为收束，河中央架石桥，水中筑岛，岛上店铺林立，俨然一副江南水街的完整格局。但河两岸店面房屋的进深和面阔尺寸过于狭小，店面与河岸的距离也较窄，作为商品琳琅满目，有卖有买的集市街道显然是不合适的，由此不难想象，苏州街并不具有商业功能，只是模仿一种情景罢了。这种模仿虽为帝王游乐而置，但将民间的市肆生活引入皇家园林中，在一定程度上反映出封建社会后期商业经济的繁荣。

高耸的牌坊作为店铺的门面显然更具表现力，同时也把北方色彩融入江南情调的市镇中

店铺前挂灯笼，用于夜间照明，极具生活情趣

店铺门前的道路尺度较小，苏州街并不具备真正的商业功能，只是一种象征意义的市镇罢了

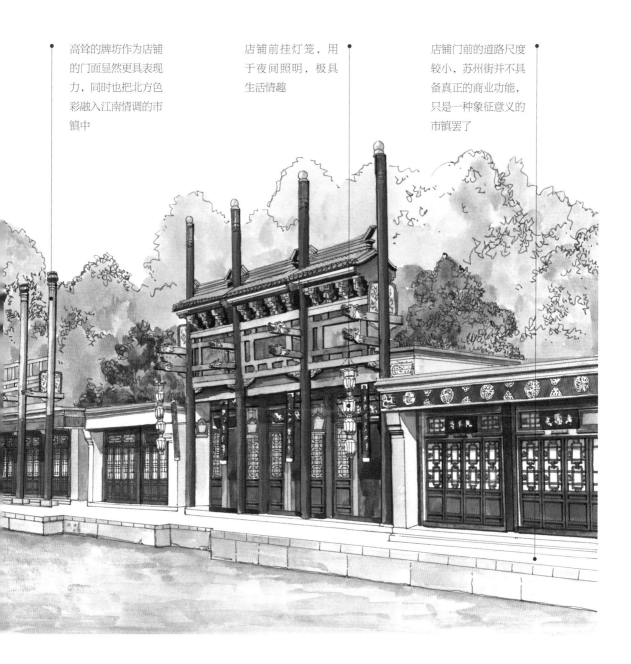

与排云殿建筑群相对，后河苏州街是一片恬静的水乡氛围

与前山前湖形成对照，两山之间开辟一条蜿蜒曲折的人工溪流，
为后山注入了新的活力。沿河两岸的买卖街，使之更具世俗情韵

游船、画舫、石桥、商铺组合出的空间氛围，也许最能体现乾隆皇帝的江南情愫

须弥灵境——红基白墙的藏式建筑群

满族的传统民族宗教为萨满教。入关后，北方面临的最大威胁就是蒙古族，为了笼络蒙古贵族势力，康熙于内蒙古高原与河北北部山地接壤处的承德北面划出万余平方公里的土地作为木兰围场。清代统治者对蒙古族信奉的喇嘛教也很尊崇，大建喇嘛寺院。乾隆营建颐和园时，仿西藏名寺桑耶寺，在万寿山后山修建了规模庞大的藏式宗教建筑群须弥灵境。

须弥灵境处于万寿山后山中部，建筑依山势而建，坐南朝北构成后山的南北中轴线。这条中轴线比前山排云殿的中轴线偏东，均衡了前后山的景观分布。

建筑平面略呈"丁"字形，丁字形的底部，也就是后山的北部为一组汉式建筑。正殿"须弥灵境"坐落在第三层台地上，面阔九间，进深六间，重檐歇山顶，覆盖黄琉璃瓦。建筑气势宏伟，其开间尺寸仅次于紫禁城太和殿，在庙宇殿堂建筑中算是等级较高的单体建筑，背靠高10米左右的金刚墙，其高度与金刚墙相差无几，现已不存。

多宝琉璃塔坐落在万寿山后。乾隆十六年(1751年)，乾隆皇帝为皇太后祝寿，建造了这座佛塔，以祈母亲洪福如天，健康长寿

建筑逐层而上，呈阶梯状分布

红色的高台上散置许多开窗的，是藏式碉房建筑物和喇嘛塔，三层高的"香岩宗印之阁"居于中心，位置突出。须弥灵境建筑组群的布局按照佛教宇宙世界的规制而置。香岩宗印之阁象征世界的中心——须弥山。阁的前后左右环建四大部洲，分别象征佛经中的四大洲，即南瞻部洲、北俱芦洲、东胜神洲和西牛贺洲。阁的西南和东南处分别建有一座长方形碉房式平台，名为日光殿、月光殿，代表着太阳和月亮。

此外，在阁的外围东南、东北、西北、西南四角立有黑、绿、白、红四座喇嘛塔，与阁相组合，则象征密宗五智：香岩宗印之阁为法界体性智，黑塔为平等性智，绿塔为妙观察智，红塔为成所作智，白塔为大圆镜智。

须弥灵境建筑群结合西藏山地寺院和汉式寺院的传统手法，呈现出独特的风格。北部的汉式建筑强调了平面的空间铺陈，南部藏式建筑以建筑的轮廓和外观形象突出建筑之间的主从关系。单从建筑的形象上看，汉藏结合也堪称完美。完全汉式的香岩宗印之阁与通体为藏式的四色塔，风格鲜明。四大部洲和日光殿、月光殿的下部为藏式的平台，上部为汉式的多角攒尖屋顶，汉藏糅合，个性突出。高大宽阔的红墙上有许多方形的盲窗，外观造型如藏式碉房，又不至于产生呆板的感觉。藏式的红墙白基与汉式的黄色琉璃瓦的色彩搭配完美无瑕，组合出色彩绚丽的画面，把宗教庄严、神圣的气氛完美融合到赏心悦目的山水园林风光中，烘托出佛国世界的理想境界。

万寿山后山鸟瞰图

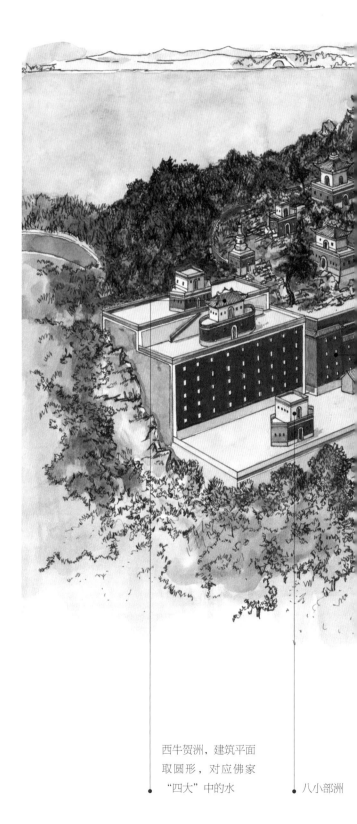

西牛贺洲，建筑平面取圆形，对应佛家"四大"中的水

八小部洲

香岩宗印之阁，象征佛教圣地
须弥山，是须弥灵境建筑群的
主体建筑，原为三层楼阁

北半部原为汉式建筑群，南北长120米，
东西宽70米,建筑的布局基本按照传统的
"七堂伽蓝"规制布置，现建筑已不存

建在红色的金刚墙上，墙体上
开盲窗，打破了墙体的单调
感，造型上又与藏式碉楼相似

临河台地遍植
青松翠柏，环
境清幽

颐和园后山建筑轴线比前山轴线偏东,整体布局仍然为层层递进式

塔身装饰白莲的红塔

黑、白、红、绿四色塔分列在四大部洲之上，代表佛的四智。此图为西南角的绿塔

智慧海南立面

智慧海位于佛香阁后、万寿山顶，是一座砖石结构的琉璃建筑。前面的众香界牌楼既是佛香阁的后院门，又是通往智慧海的山门。两座建筑色彩艳丽又典雅和谐，在细部装修装饰上具有明显的宗教建筑的特点。

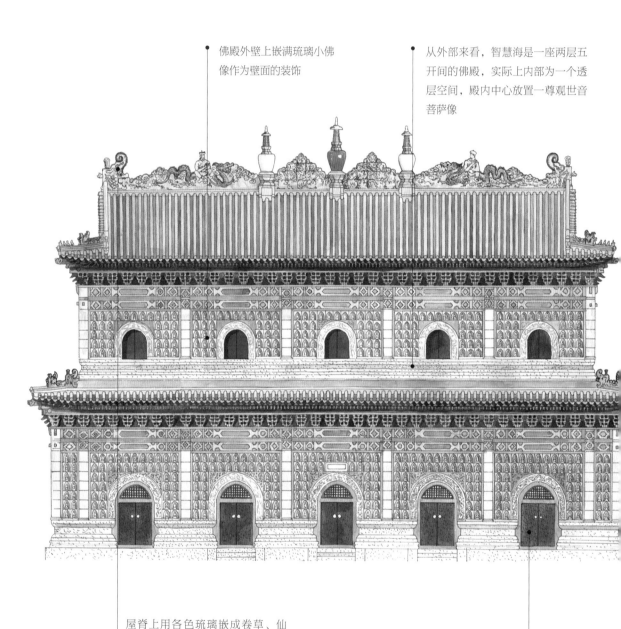

佛殿外壁上嵌满琉璃小佛像作为壁面的装饰

从外部来看，智慧海是一座两层五开间的佛殿，实际上内部为一个透层空间，殿内中心放置一尊观世音菩萨像

屋脊上用各色琉璃嵌成卷草、仙人、神兽等纹样，还有三座琉璃喇嘛塔耸立在正脊上，屋脊装饰五彩缤纷、形式多样，以建筑图形为主体的组合性装饰在其他一般佛殿庙宇建筑中是很少见的

底部开门，为拱券门形式

须弥灵境是一组汉藏结合的建筑群，建在高台上的
香岩宗印之阁是其主体建筑

众香界牌楼立面图

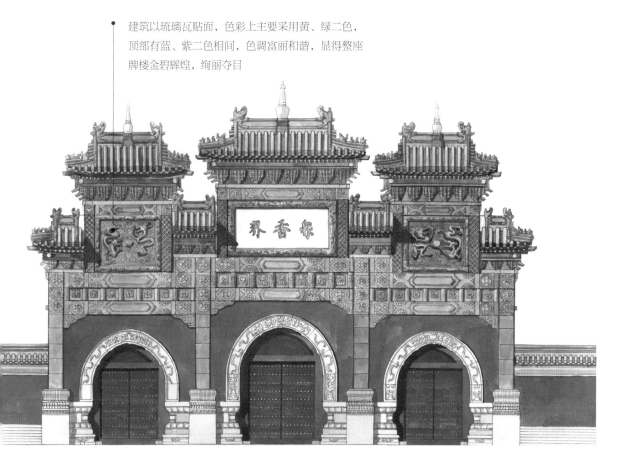

建筑以琉璃瓦贴面，色彩上主要采用黄、绿二色，
顶部有蓝、紫二色相间，色调富丽和谐，显得整座
牌楼金碧辉煌，绚丽夺目

北海

物景天成，芳华无尽

北海位于北京市中心，东与景山和紫禁城相邻。北海是我国现存历史最悠久、保存最完好的皇家园林之一。

北海的位置最早是金中都的北郊离宫大宁宫所在地，元代在大内开太液池(今北海)，池中筑三个小岛名为万岁山(今琼华岛)、圆坻(今团城)、犀山，模仿秦汉一池三山的传统模式。明代仍沿用，并于北海南部开拓出南海，形成北、中、南三海的格局，为当时规模最大的一处大内御苑，时称西苑。清代屡次增修，庙宇庭院、亭榭楼台，因势而置，确定了今天北海的局面。清代，皇室人员经常于北海进行各种冰上娱乐活动，有冬宫之称，与被称为夏宫的颐和园相对。

北海总面积约70.9万平方米，水面面积约38.9万平方米，岛屿占6万多平方米。拥有

北海示意图

极乐世界景区 小西天始建于清乾隆年间，是乾隆为母亲祝寿祈福而建，主体建筑为极乐世界

静心斋，北海北岸一处精美的山水园。园内山水相宜，建筑布局合理，尺度宜人，是北海中比较成功的一座园中园

弧形优美的拱桥，连接了团城和北海西岸，也是北岸五龙亭很好的对景

从琼华岛南行，穿过堆云积翠桥，即是圆形城堡式的园林团城

如此庞大的水系资源，以水为主景的特点自然很明显。北海海面辽阔，却很少用具体的建筑对水域进行划分，除了湖面中心的琼华岛、团城两座岛屿，以及连接洲岛、岛岸的几座小桥外，偌大的湖面上空无一物，体现了皇家园林集中用水的特点。集中用水是相对分散用水而言，这种理水的手法在大型的皇家园林中经常被用到。辽阔的水面给人一种浩瀚无垠的感觉，正如《园冶》所描述的："纳千顷之汪洋，收四时之烂漫"的情景一样，是皇家园林烘托气势的重要手法之一。琼华岛是北海的中心景区，周围大片的水面形成扩散之感，通过山顶的白塔将人们的视线部分回收。北海东岸和北岸建筑大多面海，尤其是北岸，无论是单体建筑还是组群建筑，大多坐北朝南，面水而建，于是又形成了一个以琼华岛为中心的园林构图模式。

丰富的历史景观、文物遗迹同样为北海添色不少。团城玉瓮亭中的大玉瓮、承光殿中的白玉佛、琼华岛北坡西侧的铜仙承露台、北岸的琉璃九龙壁和元代遗物铁影壁等都是北海著名的景观。

北海东岸的濠濮间，是北海中最具山林野趣的园林空间

北海平面图

① 小西天　② 五龙亭　③ 静心斋
④ 先蚕坛　⑤ 画舫斋　⑥ 濠濮间
⑦ 琼华岛　⑧ 团城

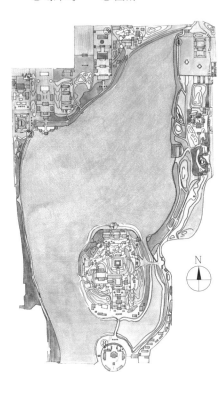

琼华岛辽代时称为瑶屿，金代时改称琼华岛。是北海风景容量最大、景色最优美的景区

远眺北海，风景如画

团城——城堡式的园林

团城位于北海南门西侧，既属于北海公园，又独立成园，建筑面积4553平方米，周长276米，是一座用砖砌筑的独具特色的城堡式小园林。

团城四周围合，只在东部朵云亭与敬跻堂东端留有小口，作出入之用。园林以小巧、规整的庭院布局取胜。主体建筑承光殿处于团城的中心位置。承光殿坐北朝南，中央呈正方形，重檐歇山顶，四面各有单檐卷棚抱厦一间，檐角起翘，下有高台承托，黄琉璃瓦覆顶，绿色剪边。整座殿雕梁画栋、辉煌壮丽，建筑形式独特。中国传统建筑通常把建筑的正立面作为表现的主要对象，面阔的尺寸多大于进深，强调建筑稳重、端庄的立面造型。承光殿前后左右各出抱厦，立面形式更为丰富。整体上看去，平面为"十"字形，但从建筑的正、背面看，九脊的歇山屋面轮廓仍清晰明了。而从左右看，只能看到屋山。殿两侧的竖长形的东西厢房，有意突出了中心建筑承光殿"十"字形的平面，同时拉长了庭院空间的纵深感。厢房北出回廊，折而向内立厅堂一座，转而继续向北延伸，直接最北端十五开间的敬跻堂。敬跻堂为弧形建筑，两端正好与城墙相接，过渡自然平和。用通透的廊房代替实体的墙垣，庭院空间立即变得敞亮起来。团城北为北海海面，透过廊房的门窗可

团城全景图

古籁堂，因坐在堂内可观看前面的遮荫侯、白袍将军而得名

遮荫侯，是一株20多米高的古油松，是北京唯一有爵位的名树

玉瓮亭

白袍将军，是一株白皮松，为乾隆皇帝命名

镜澜亭是一个圆形小亭，坐落在假山之上，是观看北海公园琼华岛的最佳地点

承光殿，平面为"十"字形，殿内供奉白玉佛一尊

团城四周以城砖砌筑，是一个自成体系的小城堡

琼华岛北面湖面风光

欣赏到碧波万顷的湖面风光及琼华岛的景色，将人们视线引到远处的景观。

　　为了体现庭院的观景效果，团城的北部建有两座小亭，东为朵云亭，西为镜澜亭。朵云亭，六角攒尖顶，黄琉璃瓦绿剪边，于亭中可欣赏到北海东岸清幽、静谧的山林风光。镜澜亭为一圆形小亭，这里是远眺北海北岸五龙亭和小西天的绝佳位置。

　　团城平面为圆形，以最短的长度，取得了最大的面积。建筑以承光殿为轴心，对称排列，这样就留出大片空间，使原本规模很小的空间，看上去没有局促之感。团城的两条轴线十分明显，分别为纵轴和横轴。纵轴，也是园内的主轴线，自园南的玉瓮亭起，经承光殿、敬跻堂，北至园外的堆云积翠桥。横轴横贯团城两侧的园门、东西厢房和位于中心的承光殿。两条轴线相互交叉，确定了庭院的整体格局。

　　团城以最小的土方量创造出了一个既有一定高度，又有足够面积的园基。其外圆内方的平面形式正如它的名字一样，与中国传统的"天圆地方"的观念相切合。

承光殿东侧有三株名松，一株白皮松，一株古油松，还有一株探海松，相传均为金、元时期所植。清代时，乾隆分别为其题名，此图为被封为白袍将军的白皮松

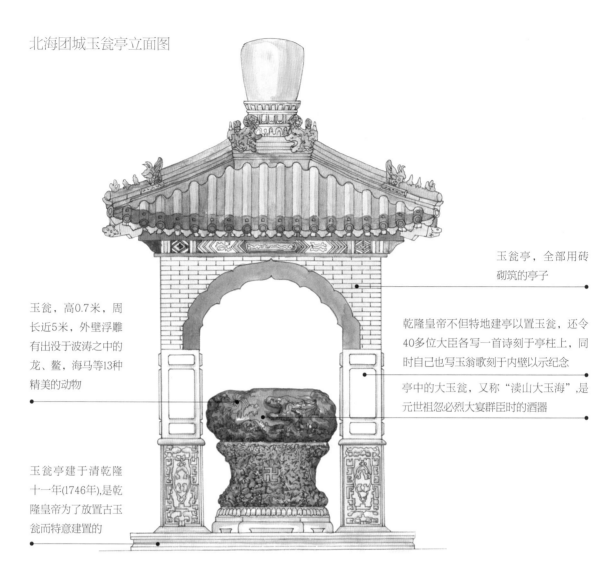

北海团城玉瓮亭立面图

玉瓮，高0.7米，周长近5米，外壁浮雕有出没于波涛之中的龙、鳌，海马等13种精美的动物

玉瓮亭，全部用砖砌筑的亭子

乾隆皇帝不但特地建亭以置玉瓮，还令40多位大臣各写一首诗刻于亭柱上，同时自己也写玉瓮歌刻于内壁以示纪念

亭中的大玉瓮，又称"渎山大玉海"，是元世祖忽必烈大宴群臣时的酒器

玉瓮亭建于清乾隆十一年(1746年)，是乾隆皇帝为了放置古玉瓮而特意建置的

重檐攒尖顶的沁香亭

承光殿内千手观音

承光殿院落松柏参天

承光殿的正中供奉一尊释迦牟尼白玉佛像，佛像高1.5米，重1000多公斤，相传是光绪二十四年(1898年)从缅甸运来的。佛像神态慈祥庄重，光泽清润，全身晶莹洁白，是一尊罕见的白玉佛像

单檐六角顶的朵云亭在造型上与沁香亭形成鲜明的对比

琼华岛——瑶池仙岛

　　琼华岛是北海的核心景观。岛上有十几组建筑群和几十个风景点，四面景致全然不同。早在清代乾隆皇帝的《白塔山总记》《塔山东面记》《塔山西面记》《塔山南面记》和《塔山北面记》中，就已经详细地介绍了琼华岛的整体情况及四面景致。从北海的南门进去，首先映入眼帘的是一座汉白玉石桥，横跨在琼华岛和团城之间，此桥便是堆云积翠桥。穿过桥北端的堆云牌楼，是永安寺。从琼华岛的顶端向下而行，四面景致各有不同，东面有般若香台、琼岛春阴，西面有烟云尽态、琳光三殿，北面有铜仙承露、一壶天地、临山书屋、盘岚精舍、写妙石室、晴栏花韵、延南薰、漪澜堂等，不胜枚举。琼华岛的东山坡山路蜿蜒，古树参天，绿草茵茵。

　　其主要景致集中在南坡，南坡由永安寺、白塔寺和白塔等建筑群组成。建筑依山势而建，但与颐和园万寿山的布局又完全不同。万寿山的建筑无论大小，其轮廓形象均能完整展现在眼前。琼华岛山上遍植高大的树木，枝繁叶茂，开阔空间相对较少，山坡上(矗立山顶的白塔之外)几乎所有建筑都被丰富的植被簇拥着，掩映于繁枝绿叶中。因此这里并不过多强调建筑的外在形象，而是更多注重整体氛围的营造。建筑的布局也不像万寿山那样有明确的中轴线，而是根据具体的地形建置不同的建筑，较为开阔的地方布置体量较大的殿堂，局促的地段巧置亭台，充分利用空间。建筑的功能也因其所处的位置而一目了然。南坡偏西临水处有庆霄楼，这是皇帝冬季冰嬉之处，其南的悦心殿为皇帝处理政务的场所。庆霄楼是一座两层建筑，是南坡唯一一座暴露建筑整体造型的殿堂。它突出的形象营造出了坡面的起伏之势。

白塔是琼华岛的构图中心，也是整个北海的标志性建筑。白塔矗立在琼华岛山巅，为一座藏式风格的喇嘛塔。喇嘛塔又称覆钵式塔，其特点是肚大身细，如一只倒扣的缸钵。塔通体洁白，因此被称为白塔。北京地区现存有两座这样的白塔，一座是妙应寺白塔，另一座即为琼华岛白塔，后者仿前者而造。妙应寺白塔建于元代，敦厚、稳重，尽显古朴之风。琼华岛白塔根据园林景观的需要，在尺度上有所减小，更显清秀、灵动，同时还在塔身上设眼光门作为装饰。塔建在方形的台基上，四周围有栏杆，突出了建筑的形象。园林中的建筑除具有生活居住等实际功能外，多为观景和造景之用，体现了园林建筑看与被看的关系。白塔位于北海中心的制高点，无论从哪个角度看，都可以欣赏到其挺拔秀美的身姿，是全园的焦点和视觉中心。站在白塔的台基上，可俯瞰北京南城参差林立的城市景观。显然，设计者是把白塔设置在了一个体现看与被看关系的绝佳位置。白塔的外观造型在琼华岛，乃至整个北海，无疑是最引人注意的。通体洁白和挺秀的身姿，显得卓尔不群、皎洁孤傲，在北海整个辽阔葱郁的氛围中起到画龙点睛的作用。

琼华岛北坡景区的层面划分非常明显。从琼岛春阴碑北侧路进山门，攀缘而上，即可到达北坡上层景区。这里以交翠庭为中心，上下亭阁随山就势，连以曲折逶迤的爬山廊，处处陡崖峭壁，形成一处处壮丽的景观。中层景区散置形制各异的小亭，坐落于半山腰的延南熏是此区的轴心，与山顶的白塔及碧照楼连成一线，把南坡轴线向北延伸下去，形成自堆云牌楼、永安寺山门、法轮殿、龙光紫照牌楼、正觉殿、普安殿至白塔，向北又经揽翠轩、延南熏、漪澜堂、碧照楼，直至湖天浮玉码头，形成贯穿整个琼华岛的南北中轴线。北坡下层的景区地势开阔，建有漪澜堂小园，院落背靠山，前临水，山石、花木、建筑相辅相成，空间景物设置巧妙，尽显湖光山色之美。

铜仙承露台设在北坡西侧的山腰上，为元代留下的遗物。秦始皇统一中国后，为避免封建贵族割据，把从六国缴获的和民间收集的兵器熔炼，铸成十二个铜人立于阿房宫前，象征自己至高无上的统治。汉武帝效仿秦始皇在建章宫前立仙人承露，铜仙人手捧托盘，以示承接云表之露。它同"一池三山"的传统模式一样，体现了中国封建帝王追求神仙生活以求长生不老的思想，也是皇家园林传承几千年的模式。北海的铜仙承露台虽沿袭前代习惯，但作为缀景的园林装饰品，显然也是很具感染力的。正如乾隆皇帝在《塔山北面记》中评价，铜仙承露并不是为皇帝收集甘露，不过是"缀景"的园林小品而已。

铜仙承露盘，在琼华岛北坡西侧的山腰处，由托盘、仙人、蟠龙柱、基座等几部分组成

琼华岛鸟瞰图

北海水面辽阔，没有洲岛分隔，呈现出烟波浩渺的景象

白塔是整个琼华岛的点睛建筑

堆云牌楼在堆云积翠桥的北端，琼华岛上

普安殿是白塔前的主殿，殿内主供藏传佛教格鲁派创始人宗喀巴像，左右侍弟子班禅与达赖

般若香台是一座半圆形的砖城，也称半月城，台上中部建有高大的"智珠殿"

北海琼华岛湖石小景

白塔东北花门上的福寿图案

登上高高的石阶，即可到达位于山顶的白塔

白塔是清顺治皇帝依西藏喇嘛的请求所建的喇嘛塔，又称覆钵式塔，此图为塔身下部的眼光门装饰

堆云积翠桥横跨水面，南北向连接团城和琼华岛

琼华岛白塔与善因殿

见春亭立面图　　　　　　　　　　　见春亭平面图

亭顶有铜质宝顶装饰

乾隆皇帝为亭题诗曰："山亭何系人来往，八柱依然见此春。"亭名据此而来

镂空的额枋下有雕刻精美的挂落

八根红色的亭柱支撑着亭顶

亭下围栏与上面的额枋呼应，也有防护的作用

此图为法轮殿内陈设的四大菩萨塑像，分别是：文殊菩萨、普贤菩萨、金刚手菩萨、地藏菩萨

石质单孔的罗锅桥

琼华岛白塔清秀、灵动，塔身上部是十三天，再上部就是华盖装饰，四周缀满风铃，风吹铃动，清脆悦耳

水精域在北海琼华岛西坡，建在陡峭的山岩之上。建筑外观十分华丽，屋顶采用黄色的琉璃瓦，中间掺以蓝紫、绿两色构成的几何图形作为装饰，正脊雕饰双龙

琼华岛白塔下善因殿顶部繁复有序的木结构斗栱，体现出中国传统木构建筑的韵律美和规整美

四柱三间的堆云牌楼

永安寺山门前铜鹤装饰

琼华岛永安寺山门

造型小巧、色彩富丽的引胜亭

永安寺山门前鹤形香炉，
它与铜鹤同属园林小品

琼华岛倚晴楼

静心斋——于清于静，山水兼具

静心斋，原名镜清斋。位于北海北岸，是北海的一座园中园。静心斋规模不大，庭院理景却有许多可圈可点之处。

大园包小园的规划是大型园林(包括皇家园林和公共游娱园林)中常用的造景方式。这些小园林多有各自的主题，或以山景为主，或以水景取胜，或以花木作为园林的主要内容。园林的内容根据大园造景的需要而定，另外也要看具体的地理位置和天然资源的情况。

北海静心斋在西天禅林喇嘛庙的东侧，东面被葱郁的树木遮挡。庭院以墙垣围合，但又不全用实体砖墙，北面一段改为半壁廊。所谓半壁廊，就是一面为墙体，一面为廊，既发挥了墙界定空间的作用，又可于廊中观景，与团城北部的敬跻堂有异曲同工之妙。团城是因北岸有水景可赏，所以采用了可两面观景的建筑形式。静心斋北部假山林立，山石之景美妙自然，半壁廊正好可以收住人们的视线，让人们把重点放在园内的假山上。

静心斋理水很有特点，与北海烟波浩渺的水面不同，采用了分散用水的方法。园内有很多大小不一的水面，形成一个个小池塘。从宫门进去，便可见镜清斋水院，池塘平面呈方形。建筑环池而建，建筑的台基与池岸之间不用条石砌成驳岸，而是把建筑的台基直接建在水中。建筑如漂浮于水中，主体建筑静心斋位于池北岸，两端以半壁廊相接，与池南岸的宫门围合出封闭的小庭院，创造出静谧的空间氛围。但由于庭院本身的空间就很小，加之水面与建筑之间的过渡又过于紧张，难免使游人视线范围受限，产生"无的放矢"之感。镜清斋后出抱厦，隔水与沁泉廊相对，游人由镜清斋庭院绕行至此处，会有"山重水复疑无路，柳暗花明又一村"的豁然开朗之感。沁泉廊跨水而建，前后都有水池，为一座水榭建筑。流水从榭下淙淙流过，发出抚琴般的声音，意境优雅。沁泉廊前水池东西各设一座小桥，一曲一拱，把水面划分为三部分，西面

的水池南折，池上一段游廊又把水池一分为二，这样就形成了看似相互独立的五个水池。园的东南角有一处小院落，院内有一小水池居于其中，四周用黄石砌出驳岸，岸边栽植花木，抱素书屋悄然立于池北岸。它与其东面的静心斋院落同为水池居中布置的庭院，但水池形状不同，池岸留出了一定的空间种植植物，因此比静心斋庭院活泼生动许多。

园林北部布有大量假山石景。山石或散置，或堆叠，临池用太湖石叠出较为高大的假山，呈现的是山依水、水靠山的山水之趣。以山的高峻突出水的平和，以水的扩散衬托山的聚拢，二者相互衬托，关系十分明确。西北角山石的布置较为灵活，不置大型假山，以散置为主。用罗列的山石烘托出叠翠楼壮观的气势，如果置大型的假山，则有可能把处于死角的叠翠楼遮挡起来，造成与南院风格不协调的感觉。

静心斋室内陈设，精美细致，
为工艺品中的上品

静心斋鸟瞰图

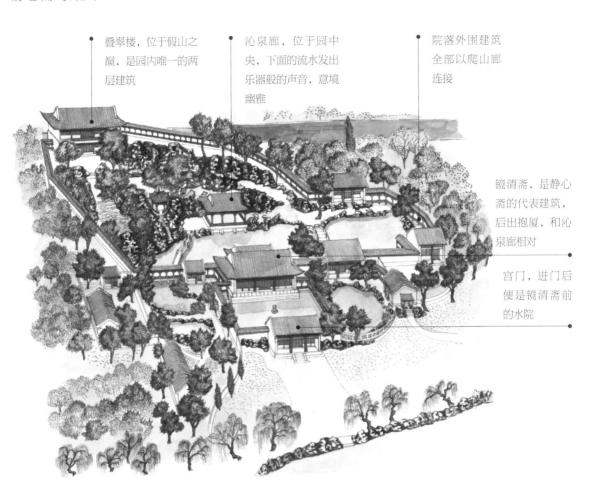

叠翠楼，位于假山之巅，是园内唯一的两层建筑

沁泉廊，位于园中央，下面的流水发出乐器般的声音，意境幽雅

院落外围建筑全部以爬山廊连接

镜清斋，是静心斋的代表建筑，后出抱厦，和沁泉廊相对

宫门，进门后便是镜清斋前的水院

静心斋理水很有特点，几乎每座建筑都临水而建，但又不围绕同一水池

爬山廊的起伏反映出山地的走势

沁泉廊及西侧山顶的枕峦亭

主殿镜清斋院内

静心斋庭院面积不大，却山水兼具，山上有廊，水中建桥，体现了山水园林布局特点

水池内奇石

沁泉廊，名为廊，实际上却是一座跨水而建的水榭，西侧有曲桥与画峰室相接

静心斋原名镜清斋，光绪时期，慈禧将其改名为静心斋，此图为园内拱桥

用游廊和建筑围合出的庭院空间，更显清幽

枕峦亭，顾名思义，是建于山顶的小亭

抱素书屋北侧小石桥，通往罨画轩

濠濮间——林木清幽，禽鱼翔泳

北海公园水面辽阔，园林景观大致可分为两种类型，水中景观和河岸景观。水中景观即团城和琼华岛，前面已有介绍。河岸景观又有北岸和东岸之分。东岸景观比北岸少，但园林意境却各有千秋。

濠濮间是北海东岸的著名景观。此区建筑不多，建筑形式却很丰富。跨河的曲桥、临水的水榭、贯穿单体建筑的爬山廊、坐落于山顶的客厅等。所有建筑，从池岸的青石牌楼开始，九曲桥、水榭、崇椒室直达山顶的云岫厂，转向山下的宫门，一脉贯通，气势连贯。青石牌楼立于池北岸，作为组群建筑的引导建筑。牌楼为仿木结构，单开间，形制小巧简练。牌楼南接九曲青石桥，引接水景。与曲桥相连的，是一座四面开敞的水榭。水榭在这里的作用极其重要，从观景的角度来说，水榭前临池，背靠山，左右环顾景色全然不同。前有弯弯小桥透迤而去，左有绿树参天而立，右可见碧波荡漾开来，回头南望攀缘而上的爬山廊，视线可及半山腰的崇椒室。另外，在山水相接处建可观景、可沟通的水榭建筑，显

然比单纯的石砌驳岸观赏性更强，作为廊和桥的前后连接，很好地完成了山水之间的过渡。

为求得天然野趣，园林选址常选择在有地形起伏变化或依山傍水的地方，同时强调建筑必须顺应自然，与周围环境相协调，建筑的布局也因此呈现出高低错落的趋势。园林建筑虽不同于宫殿、寺庙等讲究气势宏大的组群形式，但建筑之间的连贯性、统一性、完整性还是要体现的。园林组群建筑主要借助各种形式的廊连接构成。廊结构形制简单，组合灵活，可随地势变化造出多种形式。濠濮间建筑群共有四幢建筑，建筑本身并没有什么特别之处，除水边的水榭为卷棚歇山顶外，其他都是三开间的硬山顶形式，而且大小相近，如果不是有随地形曲折变化的爬山廊连接，必然单调乏味。爬山廊在这里不仅强调了园林布局上的统一，还形成了曲折有致的平面形式。濠濮间的爬山廊与琼华岛北坡的游廊有所不同，北坡的游廊外观呈阶梯状，本身轮廓具有高低错落的变化和鲜明的节奏感，与建筑组合出的景观有着丰富的层次。而倾斜形式的爬山廊使景观更具连贯性。

濠濮间立面图

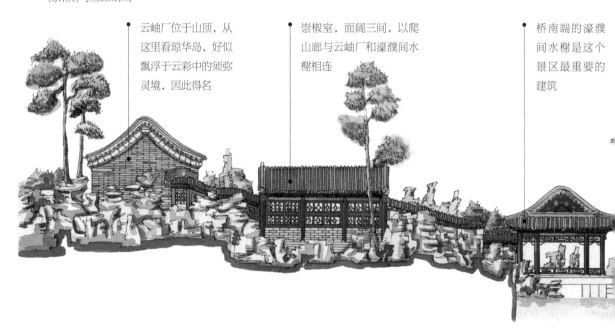

云岫厂位于山顶，从这里看琼华岛，好似飘浮于云彩中的须弥灵境，因此得名

崇椒室，面阔三间，以爬山廊与云岫厂和濠濮间水榭相连

桥南端的濠濮间水榭是这个景区最重要的建筑

濠濮间水榭，临水背山，四周绿树萦绕，别有一番韵味

九曲青石桥，
把一池碧水分
隔开来

青石牌楼
位于濠濮
间水池的
北岸

濠濮间是一个三开间的水榭，四面不设门窗，通透敞亮。明间
檐下悬挂匾额"濠濮间"，两侧抱柱上有楹联："半山晨气林
烟洇；一枕松声涧水鸣"

仿木结构的青石牌楼是这组景区的引导建筑

濠濮间水在低处，山在高处，符合山高水长的自然规律

濠濮间的几座建筑都很平常，因有了爬山廊的连接而变得妙趣横生

随形就势的爬山廊是濠濮间的交通方式

青石桥把两岸景观连接起来，是从陆地到水中，又从水中到陆地的过渡

圆明园

万园之园

圆明园是清代建得较早的一座大型皇家园林，位于北京西郊。园子最初为康熙给皇四子的赐园，胤禛即位后将圆明园作为"避喧听政"的长居之所，因而大加扩建。

到了乾隆年间，乾隆对园子进行了第二次扩建。由于乾隆多次南巡，对江南名山胜水钟爱有加，所以在园内仿照江南名景增建了不少景观，如映水兰香、涵虚朗鉴、山高水长、月地云居、北远山村、坐石临流、澡身浴德、方壶胜境、曲院风荷、别有洞天等，与雍正时期已建成的景观组成有名的四十景。皇家苑囿"收千里于咫尺之内"，模拟天下名山大川，创造丰富多样的园林意境这一特点，在圆明园中得以充分体现。三潭印月、平湖秋月、曲院风荷、苏堤春晓等景点直接来自西湖十景，于此能领略江南柔水秀波的风采；小有天园、狮子林、如园、安澜园等是于模仿中求创新，自成风格。

除了模仿国内名园，对西方园林的仿写也是圆明园制胜的原因之一。长春园北部狭长地带的西洋楼建筑群，把18世纪欧洲盛行的巴洛克风格带入园中，使人耳目一新。

圆明园的建筑尺度，除个别的纪念性建筑外，一般都比较小巧。宫殿建筑除安佑宫、正大光明殿等大规模的建筑外，一般很少用斗拱。造型上突破封建建筑规范的束缚，力求变化，只有安佑宫为重檐庑殿顶，其余的建筑为歇山顶、硬山顶、卷棚顶、悬山顶、挑山顶，甚至有采用民间建筑的平顶，乡村野居的草顶。建筑的平面在对称中求变化，形成许多奇特的平面形状，如工字形、口字形、田字形、井字形、亚字形、曲尺形、扇面形等。建筑的外观洁净素雅，不雕不绘，其简约的风格与周围自然环境相协调。

圆明园是一座集中西合璧、集锦式园林、皇家文物博物馆等特点于一身的综合性大型园林，是清代皇家园林中的万园之园。

具有西方建筑风格的西洋楼建筑群遗迹

勤政亲贤全景图

勤政亲贤是圆明园宫廷区的一组苑景建筑，在主殿正大光明东面。这里是清代帝王园居时御门听政和日常办公的地方，作用相当于故宫内的乾清宫和养心殿。

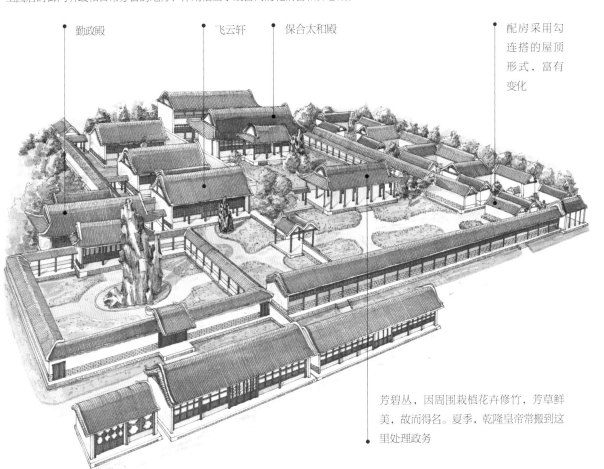

勤政殿

飞云轩

保合太和殿

配房采用勾连搭的屋顶形式，富有变化

芳碧丛，因周围栽植花卉修竹，芳草鲜美，故而得名。夏季，乾隆皇帝常搬到这里处理政务

大水法遗迹

承载沧桑岁月的圆明园，即便是残留的废石遗墟仍能折射出当年盛园的风采

圆明园——悠悠然然水环山

清代的圆明园由圆明园、长春园、绮春园三座园林共同组成。圆明园是三园中最大的一座，也是圆明园的主要组成部分。圆明园景区又可大致分为宫廷区、九州景区、福海景区、西北景区和北部景区。

九州景区

宫廷区北部即为九州景区，或称后湖景区。环湖布置了九座岛屿，象征中华的九州，每个岛屿上都有独特的景观：九州清晏、茹古涵今、坦坦荡荡、杏花春馆、上下天光、慈云普护、碧桐书院、天然图画、镂月开云，自西转北向东，环湖一周。这一景区的中心位于前湖和后湖之间的岛上，也是园中规模最大的宫殿建筑群，以圆明园殿、奉三无私殿、九州清晏殿为主体，统称为九州清晏。圆明园殿原是圆明园正殿，也是园内最早的建筑之一，早在康熙四十八年(1709年)即建园之初，康熙皇帝就为之题写了"圆明"二字匾额。九州清晏东侧为镂月开云，后湖的东岸是天然图画建筑群。乾隆曾对此景赋诗曰："庭前修篁万竿，与双桐相映，风枝露梢，绿满襟袖。西为高楼，折而南，翼以重榭，远近胜概历历奔赴，殆非荆关笔墨能到。"岛上风光旖旎迷人，如天然画卷一般，故美其名曰天然图画。由天然图画北行可见碧桐书院。转而西折为慈云普护，前殿三间，内供奉欢喜佛，北楼上供观世音，下祀关羽。东面为龙王殿，供奉昭福龙王。再西为"上下天光"，此景名取自范仲淹的《岳阳楼记》："上下天光，一碧万顷"。由上下天光折西向南为杏花春馆，杏花春馆南部有一片方整的鱼池，即"坦坦荡荡"。在九州清晏和坦坦荡荡之间的，就是茹古涵今。环湖景观或赏花，或观鱼，或读书，或祭神，或赏景，建筑形式亦是多种多样，亭、榭、阁、殿、楼、斋、廊、馆等应有尽有，无论是置景还是布局都突出了"水"，充分发挥了水的作用。

福海景区

福海为圆明园中最大的单体水面，以辽阔开朗见胜。湖面近似方形，长宽各五百米有余，沿岸分布多个小洲岛，把湖岸线分成十个段落，洲岛之间以廊桥连接，整体布局似断似续、断而不开。四周又有无数小河、小湖与之沟通，大小水面相互依托，相映成趣。福海中央设置蓬岛瑶台景点，是仿照我国古代皇家苑囿"一池三山"的造园传统，三座小岛象征东海的瀛洲、蓬莱、方丈三座仙山。

福海景区有许多景点，除了湖中央的蓬岛瑶台之外，环湖比较著名的景点有曲院风荷、夹镜鸣琴、南屏晚钟、雷峰夕照（涵虚朗鉴）、别有洞天、接秀山房、平湖秋月等，其中雷峰夕照、南屏晚钟、平湖秋月、双峰插云和三潭印月均仿杭州西湖之景而设。福海景区不仅效仿名景，还成功地运用借景，如福海东岸的接秀山房是远眺西山景色的绝佳位置。

远瀛观建筑群遗迹

长春仙馆全景图

长春仙馆位于宫廷区西面的小岛上，这里碧水环绕，岛上花石相映，建筑采用庭院式布局，疏朗有致，是一处清雅宜人的洲岛景观

万方安和鸟瞰图

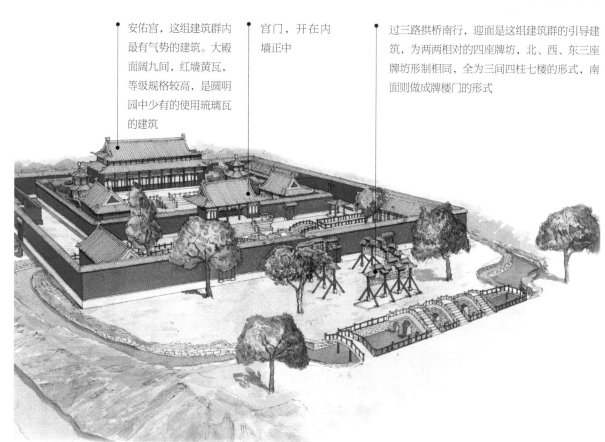

建筑的屋顶平面为卍字形，形制非常独特。卍为一种宗教符号或标志，意思是"吉祥之所集"，在我国一些装饰图案中，常把它用作吉祥的标志

整个建筑架于水上，总共33间，由于其特殊的形式，冬暖夏凉，适合居住

鸿慈永祜鸟瞰图

安佑宫，这组建筑群内最有气势的建筑。大殿面阔九间，红墙黄瓦，等级规格较高，是圆明园中少有的使用琉璃瓦的建筑

宫门，开在内墙正中

过三路拱桥南行，迎面是这组建筑群的引导建筑，为两两相对的四座牌坊，北、西、东三座牌坊形制相同，全为三间四柱七楼的形式，南面则做成牌楼门的形式

长春园——中西合璧俏美园

　　由福海向东，过圆明园东墙的明春门便是长春园。长春园占地面积70余公顷，约相当于圆明园三园总面积的1/5。此园始建于乾隆年间，比圆明园晚些。长春园是一座中西合璧的园林，既有中国古典园林的传统，又有欧式宫苑建筑风格。园中以水体划分景区，分出五个园中园：狮子林、小有天园、如园、鉴园以及茜园。

　　除此之外，长春园北部的西洋楼独成一区。这一景区包括六幢建筑、三组大型喷泉、若干小喷泉以及园林附属建筑。六幢建筑为：谐奇趣、蓄水楼、养雀笼、方外观、海晏堂和远瀛观，由意大利人朗世宁和法国人王致诚设计，中国建筑工匠和中国画师参与建造工程，所有建筑均为欧洲18世纪中叶盛行的巴洛克风格。建筑平面、立面柱装饰、门窗、栏杆都是西式做法，房顶则采用中国特有的琉璃瓦。喷泉设计由法国传教士蒋友仁负责，最有特色的是大水法和海晏堂喷水，园林小品建筑有万花阵(黄花阵或迷宫)、线法山、线法墙、线法桥等。

　　谐奇趣南面两侧接廊，中间突出建六角楼厅，南北两面石阶前都设水池和喷泉。楼西北有两层高的蓄水楼，专供谐奇趣喷泉用水。此外，园中还建有花园和养雀笼，方外观、海晏堂、远瀛观和大水法也相继建成。海晏堂是为安装水法机械设备而建，面阔十一间，上下两层，是园中最大的西洋式建筑。楼中央开间设门，门外有宽阔的平台，平台下左右对称布置弧形石阶，沿石阶可下达水池。水池两侧各排六只铜筑喷水动物，代表十二时辰，每隔一个时辰依次按时喷水，正午十二只铜喷水动物同时喷水。海晏堂东面便是大水法。

远瀛观残留石柱

建筑细部的雕刻采用
西方常见的装饰图案

远瀛观全景图

西洋楼景区在长春园最北端，用墙与长春园分隔开。这一景区
为一条细长形的园林建筑群。远瀛观在中部偏北的位置。

水池的形状为
组合的几何形

水池中部设圆
台，台上是铜
鹿喷泉

建筑的门窗全
为巴洛克风格
的拱券形式

所有的屋面均
不出檐

绮春园——清雅自如一家春

　　绮春园位于长春园的西南，圆明园东南，规模略小于长春园，二者同属水景园。此园由多个原本独立且互不相连的小园合并而成，建于不同时期，因此没有统一的布局。宫门位于南墙偏东，进门为一岛，是全园的主体部分，道光年间这里是清太后、妃嫔的居处。此岛是全园最大的岛，岛的北面和西北面散置大小岛屿，西南是几处独立的小园，以墙隔开。园内各景点之间以河渠湖泊沟通，把全园连成整体。绮春园既没有圆明园的富丽堂皇，又没有长春园的雄伟挺秀，以清雅自如作为园林格调。

避暑山庄

塞外水云乡

避暑山庄位于燕山山脉青山峻岭之中的承德市。承德市如一块苍山拥抱的翠玉，碧绿、晶莹、剔透。武烈河蜿蜒于东，滦河横贯于南，群山环抱，奇峰竞秀，景色壮丽而优美，地形地貌特征恰如中国版图：西北高，东南低，符合风水要求的"美"。得天独厚的自然环境和重要的地理位置，使这块风水宝地受到清代统治者的赞赏。

康熙二十年(1681年)，康熙皇帝在承德北面划出面积约1万平方公里的狩猎围场，称作木兰围场。木兰围场开辟以后，康熙每年都要率领满蒙八旗兵及政府官员北巡狩猎，称"秋狝大典"。从北京到木兰围场路途遥远，为满足随行人马的食宿休息和皇帝处理政务的需要，北京和木兰围场之间陆续建了27处行宫，热河行宫是其中最大的一处，居于这些行宫的中央位置，因其地理位置合适，周围山川秀美，泉甘水美，气候宜人，特别受到康熙皇帝的垂青，每年的

夏季皇帝都要来此避暑消夏。康熙五十年(1711年)，热河行宫改名为避暑山庄，正式成为避暑的离宫御苑。避暑山庄自1703~1792年，历经两代皇帝、89年的营建，最终建成占地面积564万平方米、融南北建筑风格于一体的大型天然山水园林。

山庄营建最基本的格调是：自成天然之趣，不烦人事之工，虽由人作，宛自天开。既没有金碧辉煌的豪华建筑，也没有烦琐的雕梁画栋，建筑外檐装修古朴典雅，尽量不破坏自然景色。

避暑山庄的湖光、山色、绿原，外八庙的红墙、白台、金顶，像珍珠一般散落于群山之中，玉带般的武烈河绕城而飘，给人以无限遐想。独具民族特色的平原区为清代联谊少数民族和举行外交活动的场所，这一特点是其他宫苑所不具备的。漠北山寨蒙古草原的乡土气息，包括山、水、石、林、泉和野生动物在内的自然生态环境特色，都有所展现。

丽正门是山庄的总门户，用城门的形式加强了气势

避暑山庄鸟瞰图

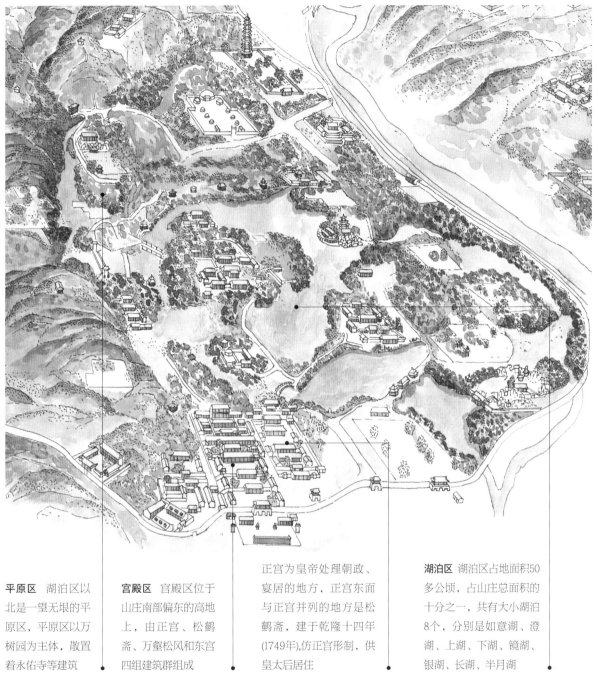

平原区 湖泊区以北是一望无垠的平原区，平原区以万树园为主体，散置着永佑寺等建筑

宫殿区 宫殿区位于山庄南部偏东的高地上，由正宫、松鹤斋、万壑松风和东宫四组建筑群组成

正宫为皇帝处理朝政、宴居的地方，正宫东面与正宫并列的地方是松鹤斋，建于乾隆十四年(1749年),仿正宫形制，供皇太后居住

湖泊区 湖泊区占地面积50多公顷，占山庄总面积的十分之一，共有大小湖泊8个，分别是如意湖、澄湖、上湖、下湖、镜湖、银湖、长湖、半月湖

立于湖岸的清晖亭如一只小船漂浮于水上，映入水中的倒影随波摇曳，打破了水面的平静与空旷

深秋时节的避暑山庄有几分萧瑟，有几分辽远，作为避暑消夏之地似乎
不再重要，但其浑然天成的美景仍然是吸引游人的重要因素

避暑山庄烟雨楼

内湖水面上有一座长桥，桥两端各
有一座牌楼，北为"双湖夹镜"，
南为"长虹饮练"

澹泊敬诚——不烦不扰，澹泊不失

避暑山庄宫殿区位于山庄南部，是清代帝王处理朝政和居住的地方。这一部分由正宫、东宫、万壑松风和松鹤斋四部分组成。根据传统的礼制，正宫的规模布局采用仅次于皇宫的规格，有着严谨规整的对称式布局。但建筑外观造型却以简洁朴素为主，突出避暑山庄的雅致情趣。避暑山庄大门丽正门，为宫廷区的前门，也是整个避暑山庄的正门。丽正门是一座城楼式大门，门前设大型照壁，门外左右置石狮、下马碑。门下开三间矩形门洞，上建城楼。门两侧接墙垣向远处延伸。丽正门外观朴实无华，但观其气度及其陪衬性建筑，仍不失庄严雄伟的气势，因此避暑山庄有"塞外宫城"之称。

丽正门之后，依次为外午门、内午门、澹泊敬诚殿、四知书屋、十九间照房、烟波致爽殿、云山胜地楼，最后是后宫门岫云门，这些建筑均处于正宫的中轴线上。

清代自康熙起，历代皇帝每年都要到避暑山庄消夏，因此避暑山庄被称为夏宫。澹泊敬诚殿是宫殿区的主要建筑之一，是正宫的主殿，也是皇帝在山庄举行重大庆典和政治活动的场所，其作用相当于北京故宫太和殿。大殿面阔七间，进深三间，歇山卷棚顶，灰瓦青砖，外檐装修不施彩绘，具有古朴典雅的气质。殿内陈设古色古香，天花和格扇均用楠木雕刻，与殿外围的楠木大柱一样，不施油漆彩绘，尽显原木本色。殿中央是紫檀镶黄杨木的御制宝座，宝座后有紫檀木雕围屏，上刻《耕织图》，描绘的是男耕女织安居乐业的太平盛世景象。围屏上方悬挂康熙御题"澹泊敬诚"匾额，取自诸葛亮名句"非澹泊无以明志，非宁静无以致远"。

殿前左右各有东西朝房五间，是清代高等官员候旨的地方。东朝房现改建为钟表馆。澹泊敬诚殿北是四知书屋，作为皇帝上下朝时小憩，接见近臣和贵客的便殿。

澹泊敬诚建筑群严格按照皇宫布局而置，对称、规整、庄严的特点体现得十分明显，而建筑外观装修却极为朴素，灰瓦青砖，不用琉璃，不做斗拱装饰。建筑屋顶除主要殿堂用卷棚歇山顶外，配殿一律用形式简单的硬山顶，整体风格朴素简雅。殿内陈设虽没有皇宫厅堂珠光宝气、金碧辉煌之势，但在细部处理上仍有皇家的气派。室内的陈设、家具、工艺品等，在材质、装饰纹样、雕刻技法等方面，处处体现了皇家建筑的尊贵和华丽。

澹泊敬诚殿内的香炉陈设

澹泊敬诚殿内景，气派而不繁复

澹泊敬诚殿外景，虽为宫殿区主体建筑，但仍朴素简洁、清幽自然，与整体格调相统一

避暑山庄宫殿区鸟瞰图

云山胜地，建于康熙四十九年
（1710年），是避暑山庄内较
早的建筑。在楼上凭窗远眺，
林峦烟水，尽收眼底

阿哥所，是澹泊敬诚
的配殿，在其西侧，
靠近山地区

外围砌筑宫墙，周
长近10公里

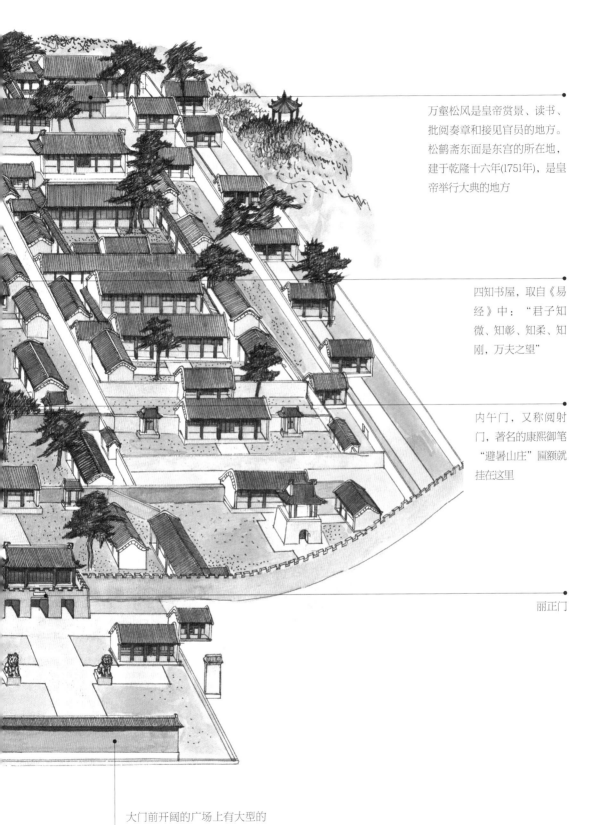

万壑松风是皇帝赏景、读书、批阅奏章和接见官员的地方。松鹤斋东面是东宫的所在地，建于乾隆十六年(1751年)，是皇帝举行大典的地方

四知书屋，取自《易经》中："君子知微、知彰、知柔、知刚，万夫之望"

内午门，又称阅射门，著名的康熙御笔"避暑山庄"匾额就挂在这里

丽正门

大门前开阔的广场上有大型的照壁，拉长了宫殿区的进深感

烟波致爽——水气渺渺，神清气爽

四知书屋后有一列十九间的照房，也称万岁照房。正宫宫殿正是以此为界分为南北两部分，南为"前朝"，北为"后寝"。万岁照房坐北朝南，东西两端与院墙相接，起到界定空间的作用。院落空间的界定有多种形式，园林中庭院的划分常用高墙围合，宫殿建筑群以及北方的四合院中多用墙和门的组合作为划分空间的媒介。两座院落之间筑一高墙，墙上开门，以相互沟通。这里却打破了传统的以墙划分空间的模式，用大面阔的照房加以分隔，取得了形式上的统一和气势上的连贯，同时又增加了可利用的空间。避暑山庄虽追求朴素，但皇家的气派和威严是一定要有所体现的。

万岁照房后为一方形院落，院内正殿烟波致爽，是皇帝的寝宫。大殿的规格与前院的澹泊敬诚殿相同，形制上采用前后出廊的形式。殿内分为四个格局，中间三间为厅，是皇帝接受后妃朝拜的地方；东面两间是皇帝的起坐间；西次间为小佛堂，是皇帝早晚理佛的堂屋；西梢间是皇帝的寝室，俗称"西暖阁"。

殿四周设有围廊，把正殿与东西跨院分隔开来，以廊代墙，使院落空间更为开敞通透。康乾时期，跨院为后寝书斋，嘉庆时改为后妃们的居所，始称"东所""西所"。

殿后的两层小楼是云山胜地楼。这座楼的楼梯设计十分巧妙，既不在楼内，楼外也看不到，原来从楼前假山蹬道可直达二楼。在楼上可凭栏远眺林岚烟水、朝雾夕霞，因此康熙题名"云山胜地"，是康熙三十六景之一。这里曾是清代帝后观景赏月的佳处。云山胜地楼位置仍处于宫殿区的范围，但其功能和形制已开始向苑景区过渡。楼后为云岫门，出门为驯鹿坡，即苑景区。

烟波致爽是皇帝的寝宫，和其他殿堂一样外檐不施彩绘，朴素雅净

烟波致爽殿内景

万壑松风——苍松拥绕，清风习习

万壑松风建筑群是宫殿区最早兴建的建筑，建于康熙四十七年(1708年)。它的布局不像一般皇家建筑那样讲究对称，没有明显的中轴线，布局相对自由灵活。

这组建筑位于宫殿区的最北端，其北面地势陡然下降，属于山庄的湖区。颐和书房位于此区的西南角，是座小而深的建筑。房后接廊与蓬阆咸映连通，折而北行又通向三开间的门殿鉴始斋。门殿后即为万壑松风大殿，是皇帝读书、批阅奏章和接见官员的地方。大殿正好位于高岗上，北面是山庄的湖畔，建筑周围植有上百株的松柏，清风过处，松涛柏浪沙沙作响，"万壑松风"由此而名。它的右侧是一个独立的小院静佳室，旧为皇后宫。

万壑松风建筑群最大的特点是不求对称，没有中轴线，也没有东西呼应的朝屋，与前面的松鹤斋组群形成鲜明对比。单体建筑之间依势错开，又以游廊连通，连为一体。

灵活自由的布局并没有使这组建筑群与规整的松鹤斋组群脱节，统一的外檐装修缓和了二者布局上的强烈反差。

万壑松风建筑群的建筑朴素淡雅，不用琉璃，不施彩绘，保持自然清新之风，与山庄格调十分贴切

万壑松风院落内遍植松柏，每有风动，松涛阵阵，正切合题意

万壑松风全景图

万壑松风主殿，位于宫殿区最北面的高岗之上，是康熙皇帝读书、批阅奏章、召见朝臣的地方

万壑松风北面，地势陡然下降，是避暑山庄的湖区

鉴始斋是这组建筑的门殿，乾隆少年时就曾被祖父带到这里读书

颐和书房地处一隅，体量较小，非常适合读书

建筑之间以游廊相连，把原本零散的建筑统一起来

文园狮子林——碧水环绕的山石小园

文园狮子林坐落于山庄的东南隅，是山庄内精心构筑的一处山石小景。

狮子林仿照苏州狮子林而建，占地面积不大，却有乾隆亲题的十六景：狮子林、虹桥、假山、纳景堂、清閟阁、藤架、蹬道、占峰亭、清淑斋、小香幢、探真书屋、延景楼、画舫、云林石室、横碧轩和水门。除此之外还有一些陪衬性的亭子和小品建筑，如凝岚亭、吐秀亭、牣鱼亭、枕烟亭、缭青亭等，这些景观有的凌于溪水之上，有的紧挨池水，有的居于山峰之上，有的藏于石林之间，随形就势，山水相依，如一幅美卷尽现眼前。

园中的景色神韵主要是靠假山和洞壑来体现，假山的山石参差错落，山路曲折迂回，流水巧绕于洞壑之间，建筑穿插布置其间，有意无意地突出山石之景。园内假山全用黄石堆砌，气势浑厚。

园林造山要根据具体环境选用形态相应的石料造型。通常北方皇家园林多用相对规整、平滑的大块黄石，盛气凌人；南方则以外形变化较大，纹理脉络生动、孔洞显著的峰石构山，展现的是与江南秀水相映相称的俏峰之美。避暑山庄文园狮子林虽仿苏州狮子林而建，但在叠山用石上却不尽相同。

苏州狮子林假山用大量的奇石叠砌出状如狮子的湖石山，在外形上先夺人目。文园狮子林利用山冈的环境，选用外形多平整少变化的黄石，于池岸、水中或建筑的四周叠石堆山，表现出壮美、刚劲的气势。苏州狮子林虽为湖石假山，但山的体量过大，全山峰石林立，似禽若兽，可以追求石形的物趣，反而没有了山林气势，失去了天趣。文园狮子林在山体的大小尺度和山形上把握得相对较好，狮子林园内水面狭小，因此池岸假山也相应"平和"，池中更是有任意散置的一两块黄石以点缀水景。山石的堆叠考虑了与水的协调关系。园内东北角地势高突，假山高峻突兀，气势逼人。山上建有小亭用于观景，也是点缀山石的小品建筑。

利用山石堆成各种形式的蹬道，这也是古典

园林中富有情趣的一种创意。古典园林讲求顺应地形，随高就低安排建筑，简单来说就是因地制宜、随形就势。园内不免"有高有凹，有曲有深，有峻而悬，有平而坦"，为了攀登方便，必然要设置台阶或蹬道，文园狮子林的蹬道随地形的变化转折起伏，上至山顶，下通园池，是园内从水中通向山上的必经通道。

牣鱼亭立于山石之上，凌空而建。亭下为一池碧波，池中游鱼成群，亭由此得名，大概是希望水中的鱼儿稍停片刻，好让站在亭中的观赏者能够好好欣赏一番

有山必有水，造园时山和水总是同时考虑的：以水的明快衬托山的冷峻，以水的绵柔突现山的硬朗，一明一暗，一柔一硬，一虚一实，把园林特有的意境表现得淋漓尽致

文园狮子林入口，由小门进入。这里花木扶疏，清净幽雅，与园内参差林立的假山景截然不同

文园狮子林全景图

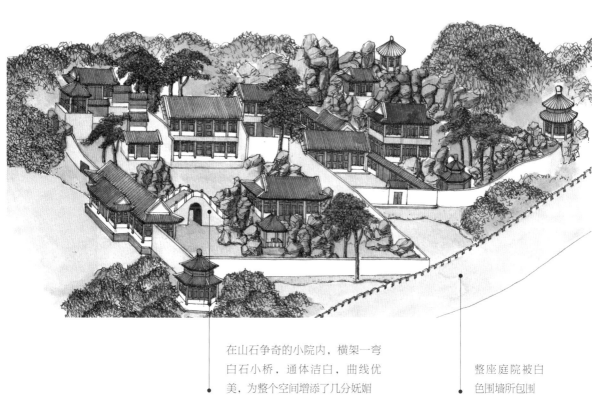

在山石争奇的小院内，横架一弯白石小桥，通体洁白，曲线优美，为整个空间增添了几分妩媚

整座庭院被白色围墙所包围

避暑山庄以山为名，但真正的山石景观并不多。除了湖区金山岛假山以及平原区文津阁处假山外，主要的山景还是在狮子林中

金山岛——一阁突出小金山

金山岛位于如意洲东面，是一座人工堆砌而成的岛屿，岛上怪石嶙峋，宛若天成。它是仿江苏镇江的金山而建。金山是江苏镇江长江江边的一个岛名，岛上建有江天寺，巍峨秀丽。康熙南巡时，曾多次登上镇江金山江天寺，写下许多赞美长江景观的诗句。回到京城仍念念不忘，故命人在承德避暑山庄内仿照金山岛修建了一座岛屿，即避暑山庄金山岛。岛建于康熙四十二年(1703年)，岛上有上帝阁、天宇咸畅、镜水云岑、芳洲亭等主要建筑。其主体建筑上帝阁是避暑山庄湖泊区的代表性建筑。

岛上沿西部建一段长长的曲廊，形式简洁优美，它北连池岸的芳洲亭，另一端与镜水云岑的门殿相接，门前辟有露台，作为山寺入口的广场，下有石阶伸入湖中，由此可登舟游湖。殿南又以曲折而上的爬山廊与主殿镜水云岑、天宇咸畅贯通上下。爬山廊作为群体组合的连接体，起着"万能接头"的作用，这种形式的廊可以把极为简单的单体建筑组合成曲折多变，参差错落的建筑群。这样不仅可以把山坡上下的建筑联系起来，游廊的高低起伏还可起到丰富园景的作用。金山岛的爬山廊形如半月，它始于芳洲亭，连通门殿、天宇咸畅、镜水云岑等建筑，使岛上建筑相互联系，上下连贯。廊沿岛边缘而建，这样就把建筑包围其中，使建筑更为集中向内，形成紧凑适宜的布局。

上帝阁建于山顶，建筑平面为六角形，攒尖顶，高三层。从第一层至第三层都有康熙皇帝的题额。第一层额为"皇穹永佑"，内设供桌祭祀器物；第二层额为"元武威灵"，内供真武大帝；第三层额为"天高听卑"，内供玉皇大帝。高耸挺拔的上帝阁与西侧三开间的天宇咸畅殿在造型和高度尺寸上互为对比、补充，形成生动的造型组合。

避暑山庄虽然规模极大，但为了求得朴素淡雅的自然情趣，园内较少设置特别突出的制高点景观。它不像北京颐和园在万寿山上设置体量庞大的佛香阁作为全园的构图中心，也不同于北海公园以琼华岛上的白塔作为点睛建筑。避暑山庄的建筑以井然有序或自由灵活的平面布局表现出恬淡内敛的整体风格。不过，金山岛上的上帝阁无论是体量上还是造型上都要相对突出一些。因此成为金山岛乃至整个湖泊区的标志性建筑。

由此也可以看出金山岛的景观组合与其他洲岛的不同之处，主要在于建筑平面、组团、立面以及利用山势几个方面。其他洲岛无论大小，都是横向的、平面上的空间划分，再结合自身的环境特点形成风格各异的景致。金山岛则利用小金山的自然山势，采用层层上升的纵向布局，由湖延伸至岛，再由岛上升至山顶，形成丰富的竖向景观层次。

金山岛上帝阁，突兀而立，是湖泊区标志性建筑

避暑山庄湖泊区鸟瞰图

湖泊区最东边，镜湖的中心，有一小岛，原岛上的主体建筑是"戒得堂"

长湖是山庄里最西边紧贴山麓的湖，位于临芳墅西侧山脚下。临湖有5景：双湖夹镜、长虹饮练、石矶观鱼、远近泉声和湖中的敖汉莲

如意洲是避暑山庄湖泊区最大的岛屿，被上湖、澄湖和如意湖三湖环抱，因其形似如意而得名

环碧岛是避暑山庄"一池三山"中最小的一个岛，岛东南与芝径云堤相连。岛四周碧水环绕，岛上建筑布局紧凑，精致小巧

此岛西南侧通过水心榭与山庄宫殿区相连，北与金山岛融为一体，西为芝径云堤的一个分支，东面突出的陆地与镜湖中的小岛相接

烟雨楼——烟雨蒙蒙水中楼

在如意洲北面的青莲岛上，有一座双层的楼阁，名为"烟雨楼"。"烟雨"二字取自唐代诗人杜牧的诗句："南朝四百八十寺，多少楼台烟雨中。"乾隆南巡时，看到浙江嘉兴南湖鸳鸯岛上烟雨楼晨烟暮雨，就命画师描摹，返回京城后，令能工巧匠仿筑。于是，在乾隆四十五年（1780年），避暑山庄青莲岛上建起了第二座"烟雨楼"。

浙江嘉兴南湖烟雨楼始建于五代时期，已有一千多年的历史，烟雨楼几经兴废，如今魅力不减当年。嘉兴烟雨楼处于湖心岛最高处，重檐歇山顶，飞檐翘角，外观雄伟壮丽，古朴典雅，是典型的江南建筑风格。避暑山庄的烟雨楼追求神似而不刻意强调形似，妙在似与不似之间，造型上为单檐歇山顶，两层建筑，色彩上较为艳丽，

在某些局部处理上采用了北方比较常见的手法。但总体来说，避暑山庄的烟雨楼在气势上稍有逊色。避暑山庄烟雨楼位于院落的最北端，四周被澄湖环抱，楼前后带廊，楼的背面湖水平如镜，碧如玉，清澈的湖水中映入蓝天白云、绿树粉墙，烟雨楼红色的廊柱、门窗及其优美的轮廓，于涟涟清波中摇曳生姿，美不胜收。烟雨楼院落周围树木成林，花草茂盛，院前一座曲径小桥与如意洲相连。

美学大师宗白华先生曾经说过：风风雨雨也是造成间隔化的好条件。每到烟雨蒙蒙之际，是烟雨楼最具诗情画意的时刻。山水迷离，水天一色，烟雨楼美丽的倩影在迷蒙的烟雨中清晰可见，经过雨水的冲洗，愈发明艳可人，好似刚刚出浴的美人，楚楚风情，惹人心动。此时此景，建筑本身生硬的结构感，早已被那浓浓的诗情画意融解，剩下的只有完全融合在山水花木间的美感和韵味，这就是园

烟雨楼是院内主要建筑，上下两层，四壁开设漏窗，二楼四周围有栏杆，可凭栏远眺

如诗如画的烟雨楼风光

林中的意境。客观的、具体的物质形态，通过人的感官反映到人的脑海中，这种感观的美一旦通过概括、提炼，被赋予情感，就会上升到情与景相互交融的第二种境界——情境。烟雨楼凭借优越的自然条件，形成了很好的园林意境，达到了园林造景的目的。

如意洲——湖泊区最大的洲岛

如意洲是避暑山庄湖泊区最大的岛屿，总面积达35000平方米，被上湖、澄湖和如意湖三湖环抱，因其形似如意而得名。如意洲四面环水，所以夏日非常清凉，最早是皇帝的下榻之所，在宫殿区建成后，成为太后和皇妃的居住地。由于此岛面积较大，所以岛上的建筑很多，建筑规格也较高。北方的四合院建筑与江南园林相间布置，使各建筑都有美景相伴，为一处古典建筑精品。

岛上的建筑多集中在中央的位置，其中的主体建筑是无暑清凉，门殿内有正殿延薰山馆，是早期康熙处理朝政的地方，馆后为水芳岩秀，后改称乐寿堂。无暑清凉西南临水的地方有供皇帝观赏莲的观莲所，亭西北有云帆月舫，再北为西岭晨霞，正北有金莲映日，都为康熙三十六景中的景点。如意洲的西北角为一组小巧别致的庭院，仿照苏州沧浪亭而建，取名沧浪屿。避暑山庄内大大小小的水面若干，水面开阔的地方借亭台楼阁或山石的配置而形成相对独立的空间，如意洲便是这样的一个典型。

如意洲与其他洲岛相比呈现出以下几个特点：

1. 建筑大多集中在岛的中央

湖泊区由七八个湖泊包围着众多形状各异的洲岛，大的有如意洲，小的如环碧岛，其他还有金山岛、月色江声岛等。岛上建筑多面水而建，主要是出于洲岛景观观水的需要，也方便与其他景致形成呼应之势。如意洲则把建筑集中在岛的中央，隔湖正对宫殿区，是一处规模较大的建筑群。

2. 建筑的规格较高

如意洲是避暑山庄较早兴建的建筑组群，早期曾是康熙处理朝政的地方，因此建筑规格较高。其主要殿堂水芳岩秀和延薰山馆均采用前后带抱厦的形式，有别于北方普通的民居建筑。其他门殿、厢房也都前后出廊。建筑的尺度方面，主殿为七开间，次要的厅堂为五开间或三开间，因建筑的位置和等级而定。

3. 典型的北方四合院式布局

如意洲岛上共有三座院落，每座院落又分前后院，几乎每进院落都由门殿、厢房和正殿组成，围合成类似北方民居四合院的布局。即便不是规整的四合院格局，也多用围墙封闭，形成彼此独立而又相互贯通的组群格局。普通民居四合都是实墙，隔绝了尘嚣的干扰，兼具相当的防御能力，为住户提供了私密的空间。从风水角度看，围合的高墙有利于聚气。园林中的四合

与如意洲相邻的环碧岛景色清新雅致

从芝径云堤背面望如意洲，成群的建筑隐于茂密的树木中，只见湖面上片片
荷叶，亭台轩榭的翼角若隐若现、似有似无，给人一种扑朔迷离之感

院组群不用高墙封闭，面外的建筑都开窗，以便赏景。皇家园林是皇帝的专用场地，因而不存在遮挡外人视线及院落自身的防御问题。

4.建筑形式丰富

岛上建筑众多，景观丰富多样。有皇帝处理朝政的场所延薰山馆、帝后的寝室水芳岩秀、供皇帝听戏娱乐的戏台一片云、赏荷观水的金莲映日和观莲所、礼佛拜谒的佛寺般若相、具有江南情韵的小院沧浪屿等。多重功能兼具的建筑组群使这座小岛成为湖泊区中最重要的景观。

如意洲鸟瞰图

如意洲北面青莲岛上的烟雨楼

水芳岩秀是延薰山馆最后的大殿，康熙皇帝以"水清则芳，山静则秀"为其命名

澄波叠翠，如意洲东北角一座方亭，周边苍松翠柳，郁郁葱葱，俯视水中，山峰树木的倒映层层叠叠，随波摇曳。亭名真切地点出了周围景致的意境

清晖亭，取自谢灵运诗句"昏旦变气候，山水含清晖。清晖能娱人，游子澹忘归"

西岭晨霞，沧浪屿西南处的一座双层的楼阁

沧浪屿是如意洲西北角这个小院落的名称

宫殿的门殿是一座面宽五楹、前面带廊的大殿，康熙将此殿题名为"无暑清凉"

般若相，又名法林寺，是避暑山庄的9座寺庙之一。"般若"为梵文音译，佛教名词，意为"智慧"。"般若相"可以理解为"智慧的佛像"

冷香亭，与围廊相连的一座方亭，乾隆题额"冷香亭"。这是皇帝深秋季节赏荷的地方，湖中的荷花是敖汉莲，较为耐寒，加上热河泉的温水，湖水温度较高，所以荷花开得较迟，谢得晚，直至深秋还在飘香，故称之为"冷香"

水心榭——理水与造景结合的佳作

东宫之北，下湖与银湖之间，设有一字排开的三座水榭，名为水心榭。水心榭建于康熙四十八年(1709年)，是避暑山庄三十六景中的一景。水心榭，其实就是建在银湖和下湖之间的一个水闸工程，由八孔石梁覆盖的石板作为闸板，控制着银湖的水位，以便在银湖中种植荷花。而水闸的上面建了三座凉亭，并列于水心，紧凑匀称，明快轻盈，与湖内碧叶连连的荷景相互映衬。因建筑位于水面上，左右房屋又相隔较远，所以置身其中会感觉十分凉爽，如沐秋凉，而且环境极其清幽。水心榭建筑构思奇巧，外观别致精巧，为理水和造景有机结合的佳作。

水心榭中间的亭子平面为长方形，面宽三间，双重檐卷棚顶，上覆黄色琉璃瓦。檐下额枋处挂落涂绿色，与底部矮栏相呼应。整座亭子以8根立柱支撑，红色柱身，色泽艳丽，雍容大方。两边的亭子平面为正方形，重檐攒尖顶，四面通透，只以立柱支撑，其用料和着色也与中心亭相似。两座小方亭在中心亭两侧，

水心榭南北两端的牌楼，与"双湖夹镜""长虹饮练"两座牌楼相比，更显华丽、复杂。它采用两柱三顶的形式，灰色筒瓦覆顶，额枋处施以彩绘，以金、蓝、绿为主色，上下额之间题刻"晴霄虹亘"等文字。整座牌楼看起来美观、绚丽，与水心榭的三座亭子相呼应，形成视觉上的强烈冲击

与稳重的中心亭相比更显灵动。两侧亭在结构上与中心亭不同，但在色调上相对统一。榭本身为一景，也可以在榭中观景：东面可观映日荷花，西面可赏湖中荡舟，南有卷阿胜境，北有清舒山馆，四面皆有景致。三座亭子已是精致成景，再有青山做底，碧水临照，更显此处景色高低起伏、错落有致。

建在桥上的亭子，称为"桥亭"，它根据位置的不同可以分为两类。一类是把亭建在桥中心，另一类是建于桥头。亭的数量有一座的，也有多座的，还有与廊组成一体的"风雨桥"。桥上建亭既可以为游人遮风挡雨，又可以避免木质桥梁被腐蚀变形，还能为游人提供休息、观景的场所。避暑山庄的水心榭建筑构思奇巧。它集桥亭所有的优点于一身，更令人称叹的是它外观别致精巧。桥下为水闸工程，三座亭子下面是控制下湖水位的水闸，闸顶上有石梁覆盖，闸板隐于石梁内，整座桥共有8个桥孔，每个桥孔内都有闸板，它们有效地控制着下湖的水位，使闸东银湖的水位低于下湖的水位，以便在湖内种植荷花。

两座小方亭拥立在中心亭两侧，与稳重的中心亭相比更显灵动。两侧亭在结构上与中心亭略有差异，色调上较统一

水心榭，建在银湖和下湖之间的"水心"中，三座水榭一字排开，并列于水心，紧凑匀称，明快轻盈

水心榭中间的亭子平面为长方形，面宽三间，双重檐卷棚顶，上覆黄色琉璃瓦，显得庄重大气

文津阁——清代内廷藏书阁

避暑山庄湖泊区北部是辽源广阔的平原区，平原区地势开阔，面积大，相对来说建筑密度比较小，在平原区中有万树园、试马埭、文津阁、曲水荷香、春好轩、蒙古包、宁静斋、千尺雪、永佑寺等景点二十多处，其中被列入康乾七十二景的有十三景。平原区的很多景观现已不存，或仅残留遗迹，现保存较完好的景观除中部的万树园和蒙古包外，还有周边零散的建筑以及永佑寺、水流云在、莆田丛樾、曲水荷香等景观，这些景观变化多样，形式各异，构成了景色清幽的平原区周边风景。

文津阁仿浙江宁波天一阁而建。它与北京故宫文渊阁、北京圆明园文源阁、沈阳故宫文溯阁合称清代内廷四大藏书阁。阁面阔六间，取"天一生水，地六成之"之意，外观上看，阁为两层，其实中间还有一个暗层，为藏书之处。阁前凿池，作消防救火之用。园林设计者总是尽可能地发挥其丰富的想象力和创造力，创造出让人意想不到的景观。文津阁前水池中的日月同辉便是一个很好的例子。池南的假山上，开有一个半圆形的缝隙，光线从中透过，映入水中，便形成了一弯新月的倒影。即便是在艳阳高照的时间，站在阁前的特定位置，向水中望去，仍可见碧水中新月如钩。天上一个太阳，水中一个月亮，同在一片蓝天下。想必也只有在避暑山庄才能领略到这样奇妙的景观吧。

池周峰石假山姿态万千，山中设一洞穴，曲折深邃。这座假山综合了承德棒槌山、罗汉山、双塔山、元宝山、鸡冠山等名山的特点，峭拔挺立，造型别致。山上塑有"十八学士登瀛洲"的造型。山顶东部设月台，用于观景赏月，西部置构趣亭(现已不存)。

避暑山庄为群山环绕，因此内部假山石景不是很多，除东南部的文园狮子林外，金山岛上的小金山和这里的假山也是园内叠石较为成功的例子。三处假山各有风格，狮子林假山以黄石叠砌，气势浑厚；小金山临谷构筑，雄伟壮观；文津阁假山富有创意，形象生动。

文津阁前是两组纵向铺展的院落，东侧院落由千尺雪、宁静斋和玉琴轩组成，西侧院落以游廊贯穿几座亭、轩、殿，组合成既封闭又通透的庭院空间。

文津阁周围劲松苍翠，清澈凛冽的武烈河水分成两股萦绕于外，形成水包树、树包园的景观层次。这种平面上的里外层次，在避暑山庄的景点中经常出现。

"水流云在"四字取自杜甫的诗句"水流心不竞，云在意俱迟。"亭为四角攒尖重檐顶，四面带抱厦

文津阁鸟瞰图

文津阁，清代内廷四大藏书阁之一，外表上看是两层，实际为三层，中间有一个夹层

宁静斋，是一个前斋后楼的建筑群，是皇帝读书静养之所，现已不存

玉琴轩，是以围廊相连的南北两殿，因当年有山泉溪水从旁边流过，水声如琴而得名，现已不存

千尺雪，是一个面阔五间的殿，仿江苏寒山千尺雪而建，现已毁

文津阁前荷香亭及流水

文津阁旁，有一座大型方亭，康熙为之题额"曲水荷香"，俗称"流杯亭"。亭内地面用形状奇特的黄石砌成弯弯曲曲的水渠，每当新雨初过，池中水涨，池水从亭北面入口缓缓流进，随石渠迂回盘折

春好轩——春色满院

春好轩位于平原区东南部，万树园宫门的南侧，与东船坞相隔不远。

春好轩倚宫墙而建，其他三面粉墙环绕，是一处完全独立的小庭院。院南墙正中建门殿，门殿内是中门，为垂花门的形式。垂花门是北京四合院内常见的一种门的类型，主要作用是将整座四合院分为里外两个部分。垂花门里侧还有屏门，屏门平时不开，只有贵客来访才开。垂花门形制奇特，修饰华丽，是四合院中最为瑰丽的地方。避暑山庄建筑群中经常可以看到北方民居的某些影子，可见民间建筑对皇家建筑的影响。此外，避暑山庄意在追求自然朴素的村野风光，建筑形制、装饰都以简洁、素雅为本，这一点在春好轩建筑群中得到了很好的体现。垂花门正对院内的五间广轩，美其名曰春好轩，有春色美好之意，左右各有一配房，以游廊与广轩相接。

园林空间的规划利用以赏心悦目为出发点，其使用功能退居其后。把避暑山庄的四合院与北京民居的四合院进行比较，二者整体布局都采用四面用建筑围合的形式，但二者功能的差异使得布局景观风格不同。前者只是整个园林中的一个景区(宫殿区)或景点(春好轩)，是整体建筑的一个组成部分，甚至不能构成其中的一个要素，在一个偌大的空间内，尤其是皇家园林中，建筑群的区域划分是十分明显的，每一区域都有自己的侧重点和专属职能，这种职能的划分已经在园林的整体规划中明确体现出来，因此在局部的空间处理上就没有必要再次强调，反映在空间布局上自然而然就呈现为以人的身心感受为主导的倾向。于是园林设计者就会结合具体的环境创造出适合人的某种主观感受的景境，最大限度地满足人的精神需求。后者则不同，它是在一个特定的、有限的、具体的空间内实现多种功

舍利塔是此处保存较完整的建筑，也是苑景区最高的景点

能的场所，休憩、饮食、娱乐等多种活动要在同一场合完成，当然就需要设置功能各异的小空间，因此，如何以有限的财力最大、最充分地利用现有空间，便成为民居设计者考虑的首要问题。这也是院落在整个居住建筑设计中所占比重较小的原因所在。

基于不同的创作理念，其结果必然各成风格。春好轩四周绿草如毯，林木青翠，小院深藏其间，清幽的环境不言而喻，成功营造出一片脱俗、清雅的天地，庭院面积以小为胜，建筑少而简，正合乎古人"筑壁自守"的心理。

广轩后有一小亭巢翠亭，比喻小巧的亭子坐落于草丛之中，如鸟儿的小巢一样。

巢翠亭的东侧有一座假山，循山路可直达宫墙

顶部。沿宫墙上的马道一路南行可到观景台，登台东望，远处的蛤蟆石、棒槌山隐约可见，庭院内的山石、绿树、红花及四周景色齐入眼帘。

内湖西侧的岸边建有敞亭一座，亭子倚山临水，面对内湖，这里不仅可以观水中游鱼嬉戏，还能观赏到内湖的清清碧波以及湖中荷景

春好轩全景图

春好，是春色美好的意思。春好轩位于万树园宫门南侧，是一座园林式建筑，庭院由三进院落组成。

巢翠亭，春好轩主殿后面的一座小亭，意思是小亭如树丛中的鸟巢一样可爱小巧

院内山石棋布、花草满院，微风过处，香气袭人，不愧为一处春意满院的绝景

小院四周被如茵的草地和茂密的树林簇拥

主殿春好轩，卷棚歇山顶，前后围廊

庭院入口处的大门

蘋香沜——绿萍飘处香气宜人

蘋香沜地处热河的北岸，是一座临水而建的庭院。原建于康熙四十二年（1703年），后被毁，1983年承德市政府进行了重新修建。

庭院面水建大殿，因殿前湖水依依，青萍漂浮其上，香气四溢，故名"蘋香沜"。殿前河上架石质拱桥一座。桥下河水静静地流淌，春夏之交，河两岸碧树繁花，景色撩人。秋冬之际，参差的枝干倒映水中，拱桥优美的倒影与桥本身连为一体，形似佳人传情的美目。落日中的蘋香沜不禁让人想起古人的那句"枯藤老树昏鸦，小桥流水人家。"

避暑山庄虽然有着广阔的湖区，众多的洲岛，但桥梁并不是很多。《钦定热河志》中说："山庄以山为名，而趣实在水"，而有水没桥，似乎就缺少了几分灵气。在避暑山庄湖泊区中连接交通的不是形式各异的桥梁，而是曲折逶迤的长堤，这正是由设计思想和湖泊区的布局特点决定的。

避暑山庄与其他皇家园林虽然同为山水园，但很明显，其他皇家园林诸如颐和园、北海，山水都是经过精心的人为加工的，是把一个理想的模式，经过精心的规划设计，付诸行动，最后变成现实的。避暑山庄则不同，它是先选定了理想的山水，再根据山水的自然特性确定园林的风格。相比之下，避暑山庄的自然之趣更为突出。设想一下，如果在湖泊区的各个洲岛间架设或曲或平，或长或短，或木或石的桥梁，那么势必会形成一个以桥为主的交通网。一旦这种带有明显人工痕迹的交通网络形成，园林的野趣将会随之大为减色。其次，避暑山庄洲岛错列，从南岸伸出的长堤芝径云堤连接

蘋香沜、香远益清、小金山鸟瞰图

蘋香沜，意为青萍飘香在池畔，景区前为殿，后为亭

香远益清是康熙皇帝题景的第二十三景。"香远益清"出自宋代周敦颐的《爱莲说》："予独爱莲之出淤泥而不染，濯清涟而不妖……香远益清，亭亭净植"

上帝阁是金山岛的主体建筑，也是湖区的最高建筑，登临其上，湖光山色尽收眼底

镜水云岑，坐落在上帝阁西侧，为五开间大殿，在此可欣赏环抱金山的澄湖景致

注：三处景点实际距离并非如此紧密，此处为艺术表达效果。

湖中如意洲岛、月色江声岛、环碧岛三个主岛，主岛又向外连接岸边小岛，这样岛与岛之间、岛与岸之间便形成了一气贯通的游览路线。堤岸植树栽花，也扩大了洲岛的绿化面积，以堤相连显然比桥更具野趣。

"物以稀为贵"，正因为避暑山庄内少桥，才使仅有的几座小桥分外吸引人。不用说桥上建亭的水心榭、横跨内湖的长虹饮练，就是这静处一隅的蘋香沜石拱桥也成了此区的景观亮点。庭院东侧的清代停泊龙船的船坞、南边的热河泉及香远益清，都是风景优美的景点。

蘋香沜院内小亭，里面摆放着石桌石凳

南山积雪——万绿丛中一点红

避暑山庄西北部山峦起伏，群峰叠翠，山顶视野开阔，景色极佳。出于观景和增加山林景趣的需要，在峰峦峻岭中点缀楼、台、殿、轩、斋、亭、阁、寺、庙等建筑，建筑布置巧借自然之势，或因涧筑阁，或绝峰坐堂，或悬谷置亭，或山怀建轩，无不因势而置，结合山形地貌和植物绿化，进行分区造景。

避暑山庄地处承德市中部，气候偏凉。即使是初春时节，避暑山庄背阳的岭上仍有未融的积雪，山上的南山积雪亭就是供早春观赏雪景之用。亭平面为四方形，单檐攒尖顶，稳重之中透着灵气。自亭南望，青山绿树丛中厅堂俨然、高低错落，"皓洁凝映，晴日朝鲜，琼瑶失素"，宛若瑶宫仙池的琼楼玉宇。

南山积雪亭与园区东北部的北枕双峰亭呈南北对峙之势。北枕双峰亭居于园区东北岭最高点，登临此亭，不仅可俯瞰避暑山庄内部景色，外围外八庙的雄姿亦可遍览。

两亭相夹的山坳中建有一组庭院青枫绿屿。

南山积雪亭，既是点景的建筑，又是观赏湖泊区景致的观景建筑

避暑山庄西部林深树茂，成片的混交林杂以野生灌木和山花野草，使山林景色锦绣天成。植物配置多采用不规则的自然式配置方法。松云峡有茂密苍劲的松林，构成莽莽林海的自然景观，增强了山谷幽邃的自然气氛。梨树峪、榛子峪沟浅谷平，则种植宜于近赏的花灌木，花繁枝密，别有一番景象。根据景观需要栽植成片的枫树、杨树等温带树种，主题突出。湖泊区以柔美的垂柳和娇艳的莲荷点缀水景。

在采菱渡亭内观赏湖面风光，烟水迷梦，如诗如画

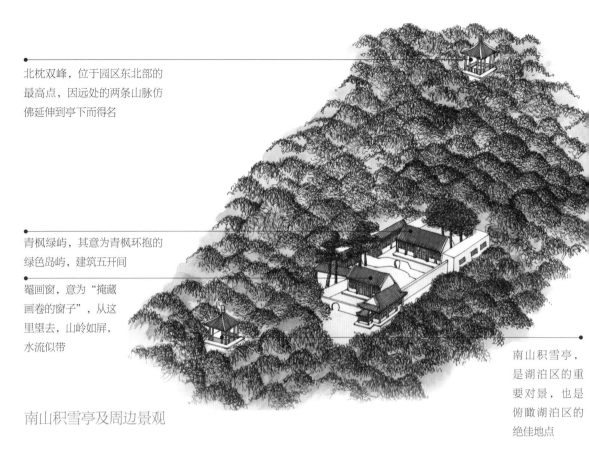

北枕双峰，位于园区东北部的最高点，因远处的两条山脉仿佛延伸到亭下而得名

青枫绿屿，其意为青枫环抱的绿色岛屿，建筑五开间

罨画窗，意为"掩藏画卷的窗子"，从这里望去，山岭如屏，水流似带

南山积雪亭，是湖泊区的重要对景，也是俯瞰湖泊区的绝佳地点

南山积雪亭及周边景观

环碧岛北面临水建有一座圆亭，名叫采菱渡。此亭的特别之处在于，亭顶不用瓦而用草覆盖，其形就如同一个大斗笠，样式朴拙别致

月色江声——冷月无边，江流有声

月色江声坐落于上湖和下湖之间，与芝径云堤相连，是湖泊区面积比较大的岛。月色江声岛中主要有月色江声建筑群、静寄山房、莹心堂、峡琴轩、湖山罨画、冷香亭6处景点，每处都有康乾二帝亲题的匾额。岛上处处都着意营造一种静谧避世的氛围，皇帝也把这里当成是独处和静思的空间，是效法古人营造的安心读书的场所，也是公务繁忙的皇帝短暂偷闲的好去处。传说乾隆皇帝就曾在此专心研究《易经》，还经常在石矶上钓鱼，留下了"得鱼固佳否亦可，意在山青与水碧"的诗句，可见这位皇帝志在此避世的好心情。

月色江声是一组规整的四合院式建筑，前后有南向的院落共三进。月色江声岛中建筑和景致的题名都颇有讲究，主题就是说明这里是皇帝个人抛开日常事务，静思修身的场所。比如静寄山房和莹心堂，就是借建筑之名表达皇帝在如此安静的地方反省自己，以净化心灵的愿望。

主殿为静寄山房，其后为莹心堂，是皇帝的书斋。莹心堂有东西两座配殿，西配殿题为"峡琴轩"，隔湖与两山峡谷相对。宁静的夜晚，湖水轻拍岩石发出悦耳美妙的声音，如在空旷的峡谷中传来抚琴之声，清旷悠远，撩人心魄。

莹心堂北面是"湖山罨画"，此处是一座封闭的院落，院内松柏参天，假山峭拔，环境清幽。

月色江声的题名取材于苏轼《后赤壁赋》所描绘的"江流有声，断岸千尺；山高月小，水落石出"的景境，是一处以赏月观水为主题的景点。柔媚的水波和朦胧的月色营造出迷离、神秘的水月夜景，历来都是诗人吟诵的对象、画家笔下的题材。中国的园林文化向来是与文学诗画紧密相连的，园林设计往往受到诗画的影响或启发。

月色江声四面与陆地相连，岛西南侧通过水心榭与宫殿区相连，北与金山岛相接，西为芝径云堤的一个分支，东面凸出的陆地与镜湖中的小岛相接

月色江声鸟瞰图

石矶，是几块青石，清代皇帝常常模仿隐士的生活，在此垂钓

月色江声院落是皇帝读书、赏景的地方，乾隆皇帝曾在这里研读《易经》

静寂山房，月色江声院落的主要建筑

月色江声是湖泊区三大洲岛之一，坐落于上湖和下湖之间

峡琴轩，这里隔湖与西山峡谷相对，浪拍石矶的声音仿佛从峡谷传来的抚琴声

莹心堂，皇帝的书斋。康熙帝所说的莹心，意为在静寂之处读书，有利于修身养性，使心清澈明净

月色江声院内的孩童铜雕

月色江声岛上的建筑为规整的四合院形制，本
图为月色江声岛远景

月色江声院内展有多组青铜雕塑，有凿石的石
匠、持有颜料的彩绘工、拉锯劈木的木匠等，
这些雕塑十分形象，再现了工匠手艺人的工作
场景

幽境典雅——

私家园林

景致欲露还藏，意境回味绵长，远处是缥缈浓酣，近处是清新明朗，处处成景，每景各不同，陶醉其间，欲辩已忘言。私家园林营造出的一方天地清新雅致，适合清心、清欲、清身、清性。

私家园林概述

诗情画意文心质

私家园林出现于汉代，稍晚于皇家园林。私家园林以小巧玲珑、精雅幽邃而在中国园林中独树一帜。私家园林的分布范围比较广泛，大江南北都有，因地域的不同而呈现出迥异的园林风貌：北方私家园林沉稳、敦厚，具有刚健之美；江南园林建筑小巧玲珑，山明水秀，具有柔媚的氛围；岭南园林布局紧密，突出实用功能，因地方气候温和湿润，一年四季花团锦簇、芳草鲜美。江南园林是中国私家园林中的精华，除了驰名中外的苏州园林，江南其他地区，如扬州（作者将其风格纳入江南）、无锡等地也是私家园林比较集中的地区。扬州园林始于隋唐，兴于元明，清代乾隆年间达到高峰。现留存下来的园林多建于晚清时期。

个园夏山丑石，形丑貌美，符合湖石"透、漏、瘦"的审美标准

经雨水冲洗过的山石，蝴蝶般的落叶散落其上，为雨后的环秀山庄增添了几分山林野趣

同样为山、水、花木、建筑营造出的空间氛围，私家园林比皇
家园林更显精致、剔透，如同温润柔滑的碧玉

江南园林温柔的气质使它在中国各地的园林中独树一帜

扬州个园
一园收尽四季山

个园位于扬州市东关街，为嘉庆年间两淮盐业商总黄至筠的私人宅园。个园园林区在居住区的后面，形成前宅后园的布局。个园主人喜竹，因此取竹字的一半命名园名。建园之初，园中修竹成丛，密筱成片，是园林的主要景致。现在园内以竹为主题的景致仍然很多，由北门进园，迎面而来的就是万竿修竹，形同千军万马的绿色方阵，静如止水，动若惊涛骇浪，这里是园内的品种竹观赏区，是目前扬州城内最佳的赏竹处。

在园林中，与竹最相配的造景材料是各种姿态的峰石。竹的清瘦与石硬朗的轮廓气质极为相似，组成了我国绘画和古典园林中颇具特色的竹石小景。这一经典组合的特殊魅力在个园中得到充分展现。园中四季假山中的春山便是用石笋和翠竹组合而成的山石小景。

春山对应春天，是四季的开始，个园假山也以春山作为开篇。一进园门，便可感受到春的气息。园门东西两侧透空花墙之下，各有一个青砖砌的花坛，东坛为绿斑斑的笋石，犹如雨后春笋，象征春回大地；西坛在稀疏的翠竹之间夹有黑色湖石，竹石相配，一动一静，营造出春日蓬勃向上的朝气感。春山小景置于园门两边，又有"春山是开篇"的意味。

位于西北角的夏山则又是另外一番景象。夏山用玲珑剔透的太湖石堆砌，主峰高约6米，青灰色的峰石飘逸俊秀，状如天上带雨的云朵。夏山利用太湖石柔美的曲线，垒砌成停云之势，把中国绘画中"夏云多奇峰"的意境带入园林造山叠石之中。夏山用石虽千变万化，但整体气韵流畅自然。山顶建飞檐翘角的小亭一座，名为鹤亭；长有绿荫如伞的老松一株，覆有枝叶垂披的紫藤一架，把夏日的生机与活力表现得淋漓尽致。山前深池中睡莲朵朵，莲叶田田，突出了"夏"的主题。

作为高潮部分的秋山，在体量上明显大于其他三山，是个园中最为高峻的一座假山。全山用巨大的黄石叠成，气势磅礴，山间配植以枫树为主，夹杂松柏，与秋天明净、恬淡的气质相统一。山上有东、西、南三峰，三峰似断似续，蜿蜒曲折，构成一幅秋山图画。山上设有崎岖的蹬道。秋山的蹬道有两种类型，一种环绕主峰，盘曲而上，直抵峰顶；另一种则穿梭山间，回环曲折。山腹有洞穴，与蹬道构成立体交叉，山中还穿插石屋、亭阁、石桥等，构筑出变化无穷、旷奥幽深的秋山风景。秋山三峰以东峰(也是中峰)为主峰，西、南两峰为次峰，主峰独立端严，次峰状若趋承，宾主照应，形成绵延起伏的山势。山体从园北抱山楼东南一直绵延至园南丛书楼北，贯穿全园。高峻的山势与秋日登高远眺十分契合。

冬山是园中占地面积最小的一组假山，全山由宣石叠砌而成。宣石颜色洁白，形状浑圆，远远望去，如一座积雪覆盖的雪山。山中又配植南天竹、蜡梅等耐寒植物，更添冬日情趣。山前地面也全用白石铺作冰裂纹状。人置身其中，仿佛感觉到阵阵寒意。靠近冬山的南墙上，有四排圆形的空洞，每排六个，共计二十四个，代表了一年中的二十四个节气。这些洞分布均匀，排列整齐，每有风吹过，便发出呼呼的声响，好似北风呼啸，给人以寒风料峭的感觉，故名风音洞。风音洞开在这段粉墙上，既代替了漏窗，又借"风"增加了寒意。

个园的四季假山运用不同的山石堆叠，搭配植物组合以及设计巧妙的建筑，把中国山水画论中"春山淡冶而如笑，夏山苍翠而如滴，秋山明净而如妆，冬山惨淡而如睡"的思想形象地表现出来，这在中国古典园林中仅存一例，实为可贵。

　　春、夏、秋、冬四季假山占了园中很大的面积，春、夏、冬三山分别居于园内一角，而秋山几乎占据了整个东部。四山围合的中心区域凿池储水，这样大面积的山水在原本不大的空间内会占很大的比重，因此园内建筑没有形成统一的布局，甚至很少有相互呼应之势，而是按照山势的起伏，因势因地穿插其间。从总体上看，个园单体建筑的体量较大，特别是位于夏山和秋山之间的抱山楼。楼上楼下各七间，青瓦朱栏，长廊大厅，沿楼廊东行，可直达秋山，西部与夏山相连。尺度这样大，外观造型上便很难有大的突破。中国古典园林讲究幽深、迂回，为了与山水风景相协调，园林建筑应具有"多曲"的特点，在体量上尽量小巧、通透，外观造型上也以柔美轻盈为佳，使建筑能和谐地与周围环境组合在一起。个园抱山楼在这样的空间范围内，拥有如此的体量，实有过大之嫌，整体造型上也偏于死板，是园中的一处败笔。

拂云亭东立面图

拂云亭位于秋山中峰的峰顶，是全园最高的建筑，亭名有伸手可拂云之意。站在亭内全园景观一目尽览，古木、假山、池水、建筑尽在脚下，居高临下，顿觉心情豁然开朗。

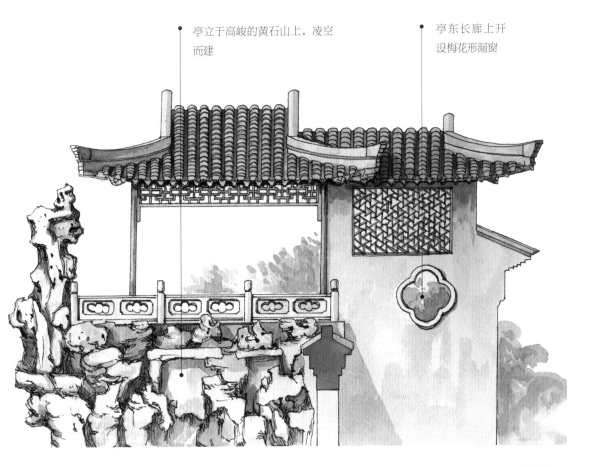

亭立于高峻的黄石山上，凌空而建

亭东长廊上开设梅花形漏窗

个园的春、夏、秋、冬四季山独树一帜，按照"春是开篇，夏为铺展，秋到高潮，冬作结尾"的顺序排列，因此一进园门便能看到由石笋和翠竹组成的春山

绿树、碧波、美石组合出的山水空间恰当地体现了夏山"宜看"的特点

住秋阁，顾名思义，就是希望秋天常驻，永留世间。秋天天高气爽，硕果累累，是一个丰收的季节。对于园
主来说，中年是他事业成功、人生得意的阶段，当然希望这美好的季节能够常驻人间

宜雨轩，又称"四面厅"，位居全园的中心位置。单檐歇山顶，四角微微上扬，清秀之中透着稳重。面南而
筑，南面设落地长窗，东西两面是小型的方窗，明亮、规整、对称；北面的窗户为大规格的正方形，从窗内
向外看，园中的花木亭阁尽在眼中

冬山后的风音洞，有寒风料峭之意

美人靠，又称吴王靠，它是亭子或榭的围廊构件，其实就是一种背靠栏杆。其背靠的样式很丰富，有直有曲，既可以当作建筑物的装饰，又可以作为观景或休息的地方

清漪亭，位于宜雨轩前水池边，亭内设美人靠，方便游人观水赏景

扬州何园

扬州大型宅园的典范

何园位于扬州城东南部徐凝门街上。何园建于清光绪九年(1883年),原名寄啸山庄。它是一处宅园一体、居游合一的大型私家园林,占地面积14000多平方米,建筑总面积7000平方米,建筑密度很大,却没有一点拥挤的感觉。何园在布局上由大花园、小花园(片石山房)和园居三部分组成,其中大花园又分为东园和西园。全园的假山、曲洞与中西合璧的建筑上下沟通,回环曲折,层层叠叠,把局部美和整体美巧妙地结合起来,体现了造园者的大胆创新和匠心独运。园内建筑融中西方建筑风格于一体,相互渗透,堪称中国晚期私家园林的典范。

大花园分为东园和西园。东园景观以厅堂花木为主,疏密有度,重在营造家园的感觉。牡丹厅外姹紫嫣红,春光无限;桴海轩形似船形,给人以水居意境;接风近月亭,亭立山间,玲珑别致;贴壁假山峭壁飞岩,风物闲美,使东园满园生辉。

从东门入园,跨过月洞门,迎面一座玲珑石桥。过桥小径曲幽,右侧一道跌宕嵯峨的贴壁假山宛若嵌入墙体一般,沿北墙一路攀缘。贴壁假山,顾名思义假山是依墙而筑,随墙形而走。园林空间狭小时,或者需要节省石料时,常靠墙堆叠假山构筑石景。计成在《园冶》中说:"峭壁山者,靠壁理也。借以粉壁为纸,以石为绘也。理者相石皴纹,仿古人笔意,植黄山松柏、古梅、美竹,收之圆窗,宛然镜游也。"这就是说,山后的墙壁要白,石峰要峭,要有纹理,与平整洁白的墙面形成对比,叠成山形后应按照古人绘画的审美要求,于山上植松柏、疏梅、修竹,使其更富古韵。最好在山对面的墙上或建筑上开圆形漏窗,把山景收入窗内,从而构成一幅立体的图画。以墙为背景,使山体有所依托,不致形成突兀孤立的形象。何园贴壁假山是最具地方叠石特色的登楼贴壁山,也称扬派贴壁山。它运用扬派叠石擅长的挑、飘手法,使山形充满了张力,其间配以婆娑树木及亚热带棕榈植物,绿意盎然。上建两座飞檐翘角的小亭,分别以接风、近月为名,两亭各立于一角,造成东西顾盼之势。

西花园,简称西园,是何园精心构建的山水空间。园内层楼幽谷、山水环绕,最为引人注目的则是被誉为现代立交桥雏形的复道回廊。何园的复道回廊有直廊、曲廊、回廊、叠廊,形形色色,上下两层,贯穿全园。通过楼廊的上下立体交通可多层次地欣赏园林景色,并且楼廊本身造型奇巧壮观,也是一道不可多得的风景。

复道回廊,也称内外廊,就是在双面回廊中间夹一道墙,墙上可设漏窗,也可布置书法、绘画、石刻。这种形式的廊应用在园林中,既可分隔景区,又可通过漏窗使一景区和另一景区产生联系,增加景深,还起到多方位连接沟通和道路分流的作用。何园回廊在北段东西花园之间形成复道,东分支走向东园翰林公子读书楼,西分支通往西园汇胜楼,总长1500米。回廊上下两层,中间夹墙上点缀什锦空窗,透过空窗可欣赏另一侧景物。东园、西园中间一段的楼廊上层采用双面空廊的形式,下层为双面复廊。这种上下立体交通的楼廊使人能在高低不同的视点中,观赏效果不同的园景,为江南园林中比较少见的手法。

何园建筑艺术的另一特色是它中西合璧的园居院落,何园主人曾做过洋务官员、晚清商人,受西方文化影响,这也在宅园建筑中有所体现。其中最具代表性的,则属位于西轴线上的玉绣楼，玉绣楼分南北两楼，形制相同，均为砖木结构的二层楼房。楼的上下两层为一字排开的房间，每排两套，三门为一套。每套包括左右两间，中门为楼梯间，每间又以推拉门的形式隔断成套间。房屋的布局构造及屋内设置的壁炉、吊灯都具有西式风格，而屋顶小青瓦、砖细的青灰色却是传统的中式建筑风格。这种中西合璧，反映时代特色的建筑风格，在我国古典园林中较为少见。

全园的植物配置堪称精致。桂花厅前山间老桂成丛；花池花坛中是牡丹、芍药等珍贵品种，且建有专门供赏花的厅台；院落的角落或台阶处，有玉兰、绣球点缀成景；山麓植松，以烘托山势；转角屈曲处种芭蕉、蜡梅、紫藤、黄杨以应四时之景。

何园在扬州园林中个性鲜明，一是以水池为中心，假山体量虽大，却偏于一侧，不构成楼厅的对景；二是水池三面环楼，故可从楼上三面俯视园景，这不仅是扬州园林唯一孤例，也是国内其他园林中所未见的手法。

何园门楣上的隶书匾额"寄啸山庄"为何园主人亲笔所题

西园中的复道回廊长达400米，贯穿整个何园。回廊一边是透空雕花栏杆，一边为墙壁或透空花墙，墙上设什锦窗或嵌书法碑帖

何园鸟瞰图

何园，本名寄啸山庄，为清光绪年间何芷舠的私人宅院。园名取自陶渊明的"倚南窗以寄傲""登东皋以舒啸"。因为主人姓何，故俗称何园，是晚清扬州私家园林的代表。

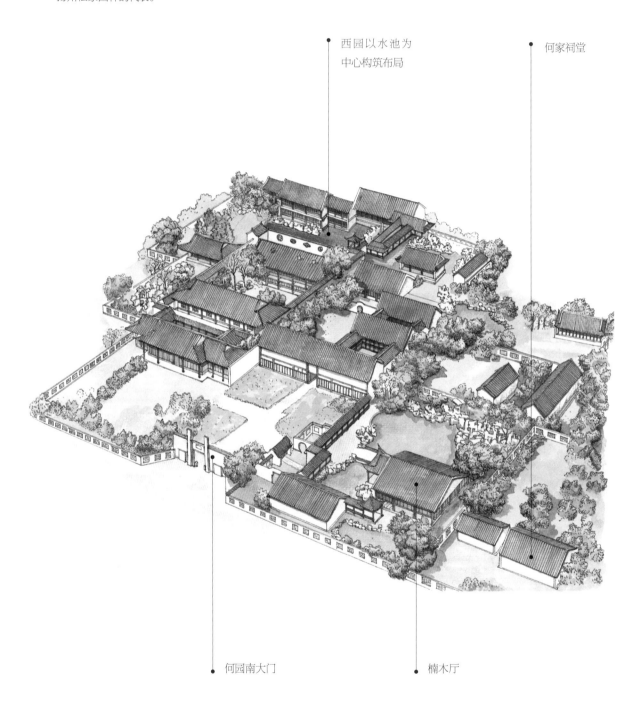

西园以水池为中心构筑布局

何家祠堂

何园南大门

楠木厅

接风亭，小亭建在贴壁假山山石之上，下临深池，旁边种植玉兰、迎春，亭后墙上藤萝悬挂。在亭内南望，则见小桥流水、湖石小山掩映于翠柳之中，向西南方向看去，只见花坛中一尊玲珑剔透的湖石，以及南墙前含苞欲放的牡丹。站在小亭内，无论从哪个角度看，都是一处绝美的风景画面

何园东部西视剖面图(牡丹厅和桴海轩)

牡丹厅是东园的主体建筑，顾名思义，一定与牡丹有关。牡丹厅除了东墙山花上的风吹牡丹砖雕以外，厅的周围还建有牡丹池。过牡丹厅北行，即为桴海轩

桴海轩，又名船厅。厅的屋面为歇山顶，面阔五间，建于白石台基之上，四面通透，窗为船上舷窗。地面用鹅卵石与青瓦铺成水波纹状，粼粼细波，形如海浪；青砖拼砌成的花纹低槛如船舷，白矾石台阶如船身。厅前廊柱上有楹联："月作主人梅作客；花为四壁船为家"，点明了船厅的由来

何园桴海轩及桂花厅南视剖面图

桴海轩

起着连接沟通作用的回廊

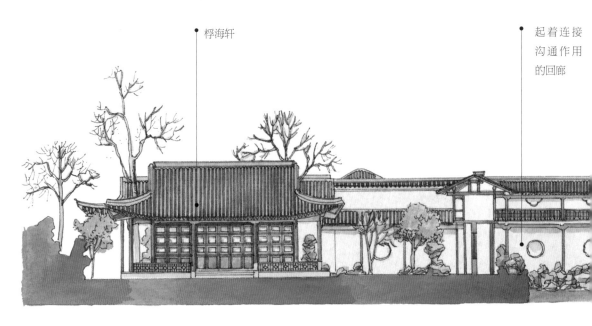

何园水心亭立面图

水心亭，又叫壶上春秋亭，是一座四面临水的方亭，飞檐翘角，雕饰华丽

水心亭其实是一座戏台，把戏台建在水上，在上面调琴奏乐，轻歌曼舞，波光粼粼的水面上荡漾着佳人俏丽的身姿，实在为一种视觉与听觉上的享受

桂花厅位于汇胜楼西南侧。因厅前种植金桂、银桂、丹桂、四季桂而得名，每到金秋时节，满院飘香，厅上挂康有为手书的匾额"桂花飘香"

无锡寄畅园
高山近水入园来

寄畅园位于江苏省无锡市西郊锡惠公园内，是一个园中园。它是明代兵部尚书秦金的宅园。明代正德年间,秦金解甲归田后在九龙山(今无锡惠山)相地建园，并取园名为"凤谷行窝"。明万历十九年(1591年),秦金族侄秦耀罢官回乡，又对祖园"凤谷行窝"大肆扩建，使园子的规模达到鼎盛，根据《兰亭诗》："三春启群品,寄畅在所因"更名为寄畅园。在以后的几百年间，秦氏后人又多次对此园进行修建、改造，在大破大立中奠定了寄畅园此后的百年辉煌和与世长存的艺术地位。清代康熙、乾隆二帝曾多次参观游览寄畅园，后又将此园移植于北京颐和园万寿山东北，题名惠山园，后改称为谐趣园。现在的寄畅园依然是中国私家园林中保存最好的现存实例之一。

寄畅园不同于一般城市园林，自然山林风光更重，依山而建。把惠山近山远峰引入园内作为借景，从树林间隙中可以看到锡山上的龙光塔，从水池东面北望又可看到惠山耸立在园内假山之后，增加了园内的景深感。将惠山二泉之水引入园内汇积成池，与土阜乔林构作园内主景，造成林木葱茏、水雾弥漫的景象。建筑稀疏，布局开朗，少有人工刀斧味。

寄畅园有两座大门，一座在惠山寺内，和愚公谷大门遥遥相对，为园林的南大门；一座在惠山横街上，是东大门。东大门是一座仿明制的砖刻门楼，门额上刻有"寄畅园"三字。门楼内紧接一座月洞门，为园林寄畅园正门的式样。现南大门为园林正门，进行后可见凤谷行窝大厅。大厅装设朴素幽雅，呼应了园林幽静的格调。

寄畅园西南角是一组十分讲究的民居宅院秉礼堂。秉礼堂是当年族人执掌礼仪的地方。庭院偏于园内一角，规模极小，但却自成一体，由秉礼堂、回廊、水池、假山组成，是一处精致的庭院。堂前以水池为中心，点缀山石、花木，水池三面都有回廊，循廊可环院一周，主体建筑秉礼堂建于池岸，位置突出，其他附属空间起烘托陪衬作用，主从关系较为分明。建筑是地位的象征，中国传统建筑始终体现和代表着封建社会的等级制度。反映在建筑的布局上就是宾主分明、重点突出，众多的陪衬建筑环列四周或两边，形成众星拱月之势。这一点在宫殿和寺庙里体现得较为充分。园林意在模仿自然，自然界的万物无所谓谁主谁从，但如果把众多的建筑放在一个没有统一规划的前提下任意布置，显然是不会组合出令人满意的园林景致的。即便是追求宛若天成、合乎天然，仍要遵循某些布局原则，譬如主次分明、对称呼应等。因此园林无论大小，总会围绕一个中心或者重点而展开布局，这种布局意图似乎不像其他建筑组群那么明显，其创作理念却都一样。秉礼堂组群在整个园林中占地面积并不大，仅居于园内一小角，但庭院本身的主从关系还是有所体现的。

寄畅园地处无锡郊外惠山脚下，园依山而建，占地面积约1公顷，园池约0.2公顷，园内山多水少，为山景园。寄畅园的山以土为主，土石并用，土多，有利于植树栽花；石少，节省造价和工程量，园内运用叠石配合山岭的塑造，构筑出了艺术水平较高的八音涧、鹤步滩和九狮台。

八音涧在园西北部山岭的腹地中，是一条用黄石垒砌的长36米的石涧。石涧宛转屈曲，宽窄不等，高深一人左右，两侧黄石突兀挺立，壁如刀削。涧中一股清泉淙淙流涧，在山谷之内，流水不断地从山石孔洞出入，迂回撞击，形成美妙的自然音乐。涧中有画家许国风书写的石刻"八音涧"。设计者把音乐与园林的理水掇山相结合，创造出神奇美妙的景观。

九狮台是园中的最高点，为一大型湖石山峰。整座山峰用大量太湖石层层叠加，顶部以透空玲珑的狮头石压顶，塑造出许多似是而非的狮子模样，或大或小，或蹲或立，远看好似许多神态各异的狮子蹲卧山间，奇特而生动。山的东西两侧都有石阶可攀登而上，但山周围的树木高大茂密，视线受阻，登临其上，并没有俯瞰全园之趣，因此山上不置亭台。

自古以来，园林中山水的布局总是同时考虑的，山得水而活，水得山而媚，山水相依，才符合自然常理。寄畅园虽属山景园，但与苏州高义园和拥翠山庄相比，更重理水，且以理水为胜。

锦汇漪是园中最大的水池，平面狭长曲折，水面开阔。南北长76米，东西宽近20米，约占全园总面积的1/5。沿池两岸建有观景长廊、山石亭阁，为园中的构图中心。西部中岸突出鹤步滩，一边贴水，一边靠山，路面用大块黄石铺砌，依势错落。池边石块大半入水，并向水中散去。它是山体与水面之间的自然过渡，是山脚、石路、驳岸的巧妙结合。与鹤步滩相对的为知鱼槛，飞檐翘角，三面临水，为观水赏鱼之处。锦汇漪水面广阔，除了中部的鹤步滩与知鱼槛，池北部的平板石桥也对水面加以分隔。桥面由7块长2米多的石板拼砌而成，故名七星桥。七星桥是分隔锦汇漪空间的重要构筑物，也是沟通水面东西的要道，它与嘉树堂、涵碧亭、廊桥组成园北主要景观。水池四周种植高大的树木，使水池部分自成一景，颇具清幽深邃之感。

寄畅园地理条件优越，园外既有可依的峻山，又有可引的活水，巧借环境之胜，引水延山，让游人的视野可以向远处延展。园中最成功的借景实例当属巧借惠山龙光塔。游人站在池北嘉树堂前，向东南方向看去，锦汇漪东侧的廊亭，西侧的知鱼槛以及南部的亭、轩榭、馆都收入视线之内，更妙的是，园外的锡山、龙光塔也被拉入画面，如一幅天然的写生画卷。

无锡寄畅园以幽见长，园内建筑多采用江南园林常见的形式，并没有特别之处，但它的长处恰恰在于简洁淡雅、朴素无华，不追求华丽的装饰，加上园内古树荫翳，成功营造出一派幽深静谧的庭院氛围。

寄畅园七星桥

鹤步滩，与知鱼槛相对，其实就是一片石滩，用鹤步来命名，有祈寿之意

寄畅园花卉图案铺地

寄畅园南视剖面图

锦汇漪开阔的水面占了园内很大的面积，又因池岸绿树荫
翳，所以遮挡了园内东北角的主体建筑。

乾隆御碑亭在园的南面，六角攒
尖顶，木石结构。亭内立青石碑
一块，碑正面刻介如峰诗文及绘
图，另外还有1757年乾隆将美人
石改名为介如峰的题记

锦汇漪，园中的主水景，
平面呈不规则形状

八音涧，原名悬淙涧。它
是园中西北部的山岭中，
用黄石垒砌的一条长36米
的石涧

寄畅园东视剖面图

从西向东看，一系列的墙垣廊桥一一展现眼前，总体来讲，锦
汇漪沿岸的建筑体量都较小巧，尽量不遮挡水面。

嘉树堂，位于锦汇漪的北端，堂
坐北朝南，青瓦歇山顶，面阔三
间，三面带回廊，体量较大。从
堂内可观远处的锡山、挺拔的古
塔，近处园内的知鱼槛、郁盘等
景观，这是园内成功的借景实例

锦汇漪东岸，知鱼槛向
北有小亭涵碧，从涵碧
亭过廊桥可达池北的嘉
树堂，建筑布置疏密相
间，布局得体合理

知鱼槛，一座两面
临水、三面开敞的
方亭，歇山顶，体
量庞大

水面开阔，清澈如碧，体现江
南水园明媚秀丽的特点

梅亭在园的西北角，歇山卷
棚顶，石质结构，三面开
敞，一面砌墙，墙壁上开一
漏窗。此亭过去因旁种梅花
而得名，现在亭四周绿树浓
荫，终不见日，缺少光照，
梅花难以生存，所以已无梅
可赏。不过亭子古韵犹存，
厚重古朴

凸出池岸的涵碧亭

浙江南浔小莲庄

传统之境，现代之风

小莲庄位于浙江湖州市南浔镇南栅万古桥西，北临鹧鸪溪畔。它是清末南浔巨富刘镛的私家花园和家庙所在，为南浔五大名园之一。家庙在西，花园居东。园林又分为内园和外园。

外园以荷花池为主，池平面为瓢状，有着巨大的瓢身和突出的瓢柄，故又名"挂瓢池"。池西、北、南三面构筑亭、榭、阁、坊，或挑出水面，或凹入池岸，凸凹有致，变化丰富。

荷花池西侧有碑廊，沿家庙山墙而筑。廊上镶嵌名人碑刻，廊中设笠形半亭，廊下临池有法式建筑东升阁。其外形酷似中国传统的塔式建筑，屋顶平缓攒尖，墙体用红砖砌筑，内部有石膏吊顶、拱形门券、落地玻璃长窗、铁铸花扶栏，室内陈设装饰均为欧式，而罗马柱头上雕有中国传统的牡丹图案，富丽堂皇。阁北是一座歇山顶建筑，名为净香诗窟，该厅内部顶棚非常特别，一为升状，一为斗(笠)状，所以又称升斗厅，园林学家陈从周先生认为升斗厅的构造别具一格，为海内孤本。

荷花池北岸突出一座六角小亭。荷花池东北角筑有西洋样式的砖砌门楼，与东升阁遥相呼应。

池南有退修小榭，两翼突出，平面呈"凹"字形。设计上采用冷色调，显得素净、淡雅，榭后有暗廊与两侧曲廊相连。循廊东行，中有园亭和桥房，增添池畔景色。

内园居于园内东南角，以山为景。北有高墙与外园隔绝，园内假山山体高大，山脉清晰，层次丰富，山体西部用太湖石筑壁为障，东部栽植古松，盘旋山道可至山顶，上建小亭，可观园内外美景。

小莲庄全园内外有序，外围水景，开阔明朗，沿岸建筑也豁然有致，与其他江南园林奥曲幽深的风格明显不同。此外园中山水景分区而置，围绕主题展开设景，水在外，山在内，这种山水明确分区的布局在江南园林中很少见，因而显得很独特。

小莲庄建筑群由园林和刘氏家庙等几部分组成，图为刘氏家庙门前石狮

小莲庄池边假山

外园以荷花池为中心，亭榭廊桥环池而置

小莲庄东升阁外部是中式，内部装修陈设全为西式，有罗马柱、拱券式门窗

退修小榭位于荷花池南岸，是一座仿船形的建筑

水和桥是江南标志性景观，在南浔更能体验到浓浓的水乡风情

潍坊十笏园
典雅秀丽的北方小园

北方的私家园林与南方相比相对较少。北方地区，尤其是北京近郊风景优美处，大都被面积广袤的皇家园林、寺庙、陵寝所占据，因此适宜建园置宅的地方很少。清代北京地区的官僚效仿皇帝，纷纷建置私园，其中王府花园占了很大的比重，但后来多被破坏。留存至今的北方私家园林屈指可数，其中山东潍坊的十笏园是人们比较熟悉和认可的北方园林的代表。

十笏园是一个很小的园林，面积仅有2000平方米。园主丁善宝曾用十个笏板来形容园子很小。园虽面积不大，却充分利用有限的空间，呈现自然山水之美，含蓄曲折，引人入胜。难怪康有为在园中住了三个晚上就写了《十笏园留题》："峻岭寒松荫薜萝，芳池水石立红荷。我来山下凡三宿，毕至群贤主客多。"对十笏园的赞誉之情跃然纸上。由于潍坊地处南方和北方的交界处，所以园林兼具南方和北方双重风格。

十笏园平面近似长方形，水池位于全园的中部。池中心置四照亭，亭的平面为长方形，卷棚歇山顶，灰瓦绿柱红栏，典雅秀丽。每面都是三开间，中间一间较大，两侧稍小。四照亭四面通透，站于亭中可观赏到四面景观，东面正对山亭，西侧入口与曲桥相连，北观砚香楼，南眺十笏草堂。

通常一座园林中都有所谓的"主体建筑"或"构图中心"，根据园林置景的需要而设。所谓的"主体"是从多方面来体现的。首先在位置上，主体建筑的位置要符合"看与被看"的双重要求。这样说似乎还不够严谨，园林中的建筑几乎都有这两个功能，但具体到每座建筑，其侧重点可能不同。而主体建筑则把这两方面的功能都加以强调。从看的角度讲，站在主体建筑的位置，可赏的景观应是多方位、多层次的，不能说放眼四望尽是秃山枯水，这样无法满足视觉的需要。作为主体建筑，要避免被看几乎是不可能的，毫无疑问主体建筑在全园中应该是最具有被看性的，也就是说无论在哪个角度都能看到其形象，或与其呼应，或渗透，或联系，最好在一入园就能直接或间接地被摄入游人的视线范围之内。主体建筑在园中的位置因园的地形、布局而异，这里就不一一解析了。但如果是水景园(布局以水为中心的园林)，比如十笏园这样的小型私家园林，因园林占地很小，内容又不是过多，且园林置景围绕水池而展开，故主体建筑宜在池岸或水中。建筑的形制多为可四面观景的敞厅，有利于最大限度从周围摄取景物。

池东为假山，由湖石堆砌而成。这里的湖石较圆润，山形山势也随之平和许多。

十笏园面积小，园内建筑也小巧怡人。位于池东南角的漪岚亭就是一座形态小巧的观水亭。亭六角攒尖顶，檐角不作起翘，与南方常见的飞檐完全是两种风格。六根亭柱排列匀称，支撑着上面相对厚重的亭顶。红色的围栏似乎是故意与绿色的亭柱形成对比。红和绿是园内使用最多的两种色彩，也是中国传统建筑最经典的色彩搭配。红、绿这种在服饰色彩中极为不协调的搭配，用在中国传统的木构建筑外檐却是如此赏心悦目。十笏园建筑的色彩风格介于北方皇家建筑与南方水乡建筑之间，呈现为一种独特的典雅秀丽的风格。

十笏园园景

四照亭，入口楹柱上有对联一副："清风
明月本无价；近水远山皆有情"

四照亭北面的八角门上，刻有"鸢飞鱼跃"四字。鸢飞鱼跃，是唐代文学家韩愈自勉之语。唐贞元二十年(804年),韩愈被贬为阳山令，但他并没有因此灰心丧气、一蹶不振，而是立志要像猛鸢翔空、游鱼跃水一样，奋力向前。八角门两侧为砖砌花墙，墙上设八边形漏窗

园北有八角门，进门有一湖石置景

十笏园落霞亭

小巧秀丽的漪岚亭

与四照亭西北角相连的小石桥名为曲桥。桥面半缓，桥体立墩起拱，主要由三拱组成，桥拱呈半圆形

岭南园林

高楼香果营造的美景嘉园

岭南泛指我国南方五岭以南的地区，古时称为南越。清初，岭南的珠江三角洲地区经济比较发达，文化也相应繁荣起来，私家造园活动开始兴盛，逐渐影响到潮州、汕头、福建、台湾等地。清中叶以后，造园活动日趋兴旺，岭南园林在园林的布局、空间组织、水石运用和花木配置方面逐渐形成自己的特点，最终成为与江南、北方并列的三大地方风格之一。

岭南地区多丘陵、山地，农耕地少，再结合当地气候特点，岭南园林在布局上形成了两种形式：一种是连房广厦式，一种是前疏后密式。这两种布局有一个共同的特点，就是前低后高，以迎合夏季从海面上吹来的海风。

岭南地区气候炎热湿润，适合亚热带、热带植物生长。栽种果树，是岭南园林的特色之一。果树既有观赏效果，又有遮阴的功能，还能提供佳果。可栽植的果树品种较多，有龙眼、荔枝、枇杷、杧果（芒果）、黄皮、杨桃、蒲桃、香蕉、芭蕉、橙、柑、番石榴、番木瓜、白梅、沙梨、白梨等。

岭南私园以生活享受、实用、游乐为主，反映在布局上：园林与住宅融为一体，以居住建筑作为园林的主体。江南园林虽然也具有生活享乐的功能，但同时也是文人雅士归隐逸世之地，反映在布局上：园林与住宅有较为明确的区分，通常分开设置，即使是合建，住宅与园林部分也相对独立。

清代以后，岭南地区经济发达。建筑装修十分考究，雕刻繁多，如清晖园碧溪草堂的透雕圆光罩，余荫山房深柳堂的檀香木名人书画屏。建筑中使用彩色玻璃、釉面砖以及瓶式栏杆，甚至还引用罗马式拱窗，中西结合的特点较为突出。

岭南名园余荫山房院落一角

建筑的屋顶脊饰很高，采用粤中地区喜闻乐见的陶塑屋脊

室内装修陈设体现当地特点

南方气候湿热，因此不像北方园林那样施用彩画，而是采用灰塑彩描装饰细节

葱郁的院内植物

余荫山房内横跨水面的廊桥

东莞可园

可心可意的庭院

东莞可园，始建于道光三十年(1850年)，园主张敬修广闻博识，曾游览各地园林，建园时邀请岭南画派祖师居巢和居廉参与园林设计，并留下《可园遗稿》《可楼记》等文字资料。

可园占地面积不大，地块形状不规整，因此园林布局因势而置。全园基本上由三个相互联系的大小庭院组成，呈不规则的连房广厦式布局。园内主要建筑有草草草堂、擘红小榭、可楼、绿绮楼、博溪渔隐等。可楼(邀山阁)是园内主体建筑，上为邀山阁，下为桂花厅，楼内外均设阶梯。外阶梯从楼旁露台旋转而上，登楼可尽览东莞城景，远处江河如带、沃野千里，近处雁塔、金鳌洲塔耸立眼前，为园内借景之处。园内建筑以边沿游廊相连，留出中央天井布置赏月的月台、观兰的兰台。

可园的水景在园东部庭院，院内有可湖，原是张敬修的花圃。1965年重修时把原来的池和塘疏浚合并为可湖，临湖建有钓鱼台、可亭、观鱼矶等，将湖面延伸入园，加大了庭院的景观范围。

图案装饰装修是园林建筑艺术表现的重要手段之一，广东东莞可园可堂

东莞可园的邀山阁为碉楼的形式

岭南民居装饰色彩以材料原色或清淡的色调为主，很少大面积地使用艳丽的色彩。与民居相比，园林建筑的色彩要丰富得多

精致考究的室内装饰

双清室与邀山阁

岭南地区气候湿润多雨，因此栽种果树便成为岭南园林的特色之一。岭南园林常在有限的空间内配置各种热带、亚热带果树，使园林的游赏功能与物质生产相结合，丰富园林内容

邀山阁，与双清室相邻。建筑采用碉楼的形式，高峻挺拔。登临阁上，周围景观尽收眼底

双清室，又称亚字厅。整个建筑从外部的门窗到室内陈设家具都雕饰繁体的"亚"字，因此得名

苏州园林
江南水乡的咫尺山林

苏州园林用一个字来概括就是"精"，用一个词来形容就是"精美"，用一句话来形容就是"精美如画"。苏州园林的美，是一种参差的美、自由的美、天然的美。与皇家园林那种规整、对称、庄重、严整、宏丽恰恰相反，苏州园林追求反对称、反均齐、反中轴、反排比，力求参差不齐、自然生动之美。

苏州园林占地面积虽小，景观却层层复复、连续不断。每一处景致都不是单一的园林要素，而是融合建筑、花木、山水等基本要素于一体，形成一处处独立完整而又与整体相互牵连的小景。一弯曲桥、一檐飞亭、一泓碧波、一崖山石、一孔漏窗、一树繁花、一方石匾，既是彼此点缀的对象，又是相互衬托的个体，当这些个体被巧妙地安置在恰当的空间地点，便组成了意境无穷的园林景致。它与北方的皇家园林不同，皇家园林强调的是气势、规模，注重的是权威意象的体现。水要广，山要高，建筑要气派，在这种主观思想理念下创造出的客观物象，反映在园林布局上就是山是山、水是水、建筑是建筑，园林各个要素间的融合渗透不够自然，人工痕迹明显。

叠山是苏州园林的要素之一，叠山用石也很丰富，如怡园拜石轩南院采用大量笋石

苏州园林一般面积不大，为了加强气势，园中会建一些体量较大的厅堂，拙政园卅六鸳鸯馆，就是一个例子

拙政园局部剖面图
拙政园最能体现苏州园林的布局特点，尤其是中部以水池为中心，池中堆土成岛对水面进行分隔，岛上置亭、阁与池岸景观形成对景，也可观景。

远香堂，位于中部水池东岸，与四周景观互为对景

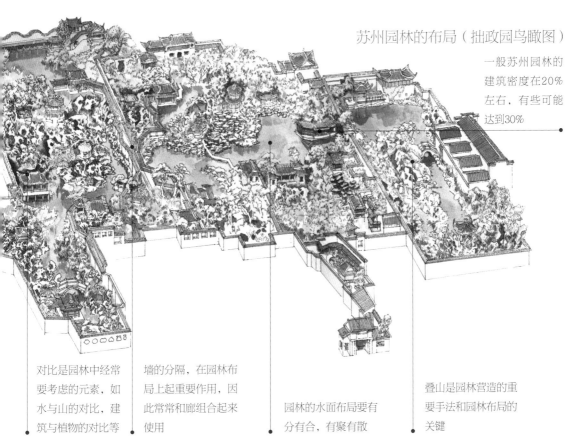

苏州园林的布局（拙政园鸟瞰图）

一般苏州园林的
建筑密度在20%
左右，有些可能
达到30%

对比是园林中经常
要考虑的元素，如
水与山的对比，建
筑与植物的对比等

墙的分隔，在园林布
局上起重要作用，因
此常常和廊组合起来
使用

园林的水面布局要有
分有合，有聚有散

叠山是园林营造的重
要手法和园林布局的
关键

怡园一处僻静的小院，简单的元
素也可组成一处精致小景

雪香云蔚亭，在拙政园中部水池的小岛上，与西面小
岛上的见山楼遥相呼应，也是远香堂隔水的主要对景

拙政园

明风遗韵，旷远明瑟

拙政园位于苏州市姑苏区东北街，是明御史王献臣的别业，创建于正德八年 (1513年)，距今已有500多年的历史。据《王氏拙政园》记载，园址地势低洼，建园时巧妙地因地制宜、高坡筑山、挖地开池、以水造景、亭台间出、桥廊浮波，建筑稀疏错落，追求疏朗淡雅的风格，处处体现自然之趣，与江南水乡恬淡幽雅的环境十分相配。园林几经兴废，但以水为趣的布局并未改变，明瑟旷远的风格也得以保留。

现全园面积4公顷有余，范围包括东、中、西三部分。其中中部是全园的精华所在。中部远香堂为园中主体建筑，建于清代乾隆年间。由于周围四面开阔，所以建成四面敞透的厅堂形式，以便四面观景，一览无遗。远香堂四周有开阔的平地，前面池水辽旷，池中筑有两座小岛，以桥堤相连，既分隔空间，又起着划分水面的作用。两座岛上分别建置小亭，东为六角攒尖顶的待霜亭，西为平面为长方形的雪香云蔚亭，东西相望，互为对景。桥堤相接处的小岛上立荷风四面亭，檐角飞扬，是观赏水景的最佳位置。荷风四面亭的位置决定了它是联系沿岸景观的枢纽，使池北见山楼、池中的两亭、南岸的倚玉轩及西南的香洲等分散的景点有一个观赏中心。而从组景的效果来看，荷风四面亭与雪香云蔚亭、待霜亭以及池东岸的梧竹幽居构成了一组贯穿水池东西的亭景；又与见山楼、倚玉轩组成了南北向的水面景观。

与北面旷远明朗的水景相比，远香堂南部更具幽深之胜。这里由两组景观组成。远香堂西南是一组典型的以水造景、由庭院组成的景区，这一带水面幽曲、深邃，阁廊飞动，萦水环绕。小沧浪景色幽深；小飞虹桥上加廊，廊下为桥，轻盈灵巧；南岸香洲半掩半露与倚玉轩横直相对。为加深水面景观层次，船形建筑香洲内有一面巨大的平镜，映出对岸倚玉轩一带景物，奇妙无穷。由小沧浪凭轩北望，透过小飞虹，穿过香洲侧影，遥见荷风四面亭，见山楼作远处背景，重重水面，层层景色，一望俱收。

枇杷园、海棠春坞、听雨轩组成了远香堂东南的庭院景区。此处空间变化丰富，枇杷园建筑稀疏，布置简洁有序。

拙政园中部剖面图 （见山楼、荷风四面亭、远香堂）

远香堂，建于清代乾隆年间，平面为矩形，柱间装设落地长窗，规格整齐，华丽庄重

倚玉轩

"别有洞天"是一座半亭建筑，亭一面靠墙，以墙体作为支撑，墙上有一月洞门，门上石刻"别有洞天"

荷风四面亭，坐落于池中西岛西南方，六角攒尖顶，四面环水，是此处水景画面的中心

园林西部总体布局仍以水为中心，空间略显拥塞。主体建筑为卅六鸳鸯馆和十八曼陀罗花馆，都建在池南靠近住宅的位置。池北假山耸立，山上亭阁飞檐翘角，凌空而置。水池平面呈曲尺形，西南突出一角，向南延伸，尽端有塔影亭临池而立。

园东部为明代旧园遗址，布局疏朗，兰雪堂、芙蓉榭、秫香馆、放眼亭等建筑错落而置。平岗远坞，山峦明秀，尽显明代明瑟旷远的风格。

拙政园在建园之初就很注重花木的配置，文徵明的《拙政园图咏》中记录了三十一景，以花木命名的景点占了一半以上。远香堂、芙蓉榭、留听阁、小沧浪、荷风四面亭，都因莲而得名。枇杷园有枇杷十余株，相传为忠王李秀成手植；海棠春坞内种有垂丝海棠、西府海棠，花团锦簇，香气扑鼻；松风水阁旁的黑松，绣绮亭下的牡丹、芍药，玲珑馆前的寿星竹，梧竹幽居的慈孝竹，得真亭的紫竹，听雨轩后的芭蕉林，无不依景而植，主题突出，使园景内容丰富多彩。

见山楼东立面图

见山楼是中部沿池最大的建筑，也是远香堂的远距离对景。见山楼体量虽大，但因四周景物开阔，水面平静，所以没有突兀的感觉。楼体飞翘的檐角更给建筑增添了几分轻盈。见山楼所处位置与四周景物间距较大，登楼远眺，景观层次分明。

灰色的筒瓦铺顶，出檐较大

楼内空间通透，方便观景。内有楹联："林气映天竹阴在地；目长若岁水静于人"，是对周围景致的精辟概括

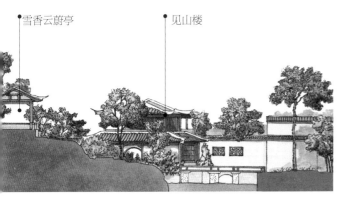

雪香云蔚亭　　见山楼

香洲，倚玉轩对面水池中的一座旱船。水景是园林中必
不可少的部分，有水必有船，这样才更富有情趣

听雨轩庭院鸟瞰图

听雨轩坐落于园东南角，是一处独立的小院。院内主厅为听雨轩，
坐南朝北，厅前一泓碧波，芭蕉翠竹，每遇细雨连连，则闻雨打芭
蕉，诗意盎然，表现了中国古典园林融视、听、欣赏于一体的特
点。小院四周绕以围廊，看似封闭，实则处处畅通。

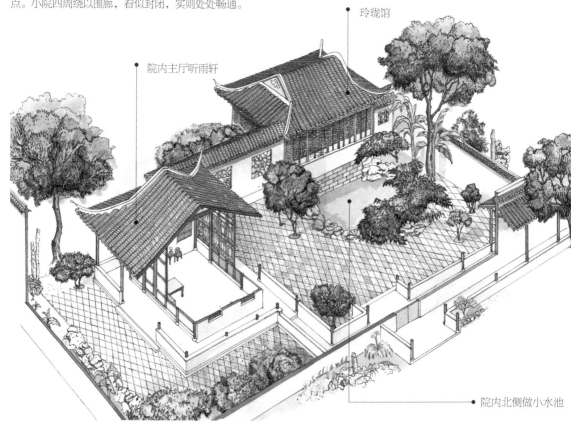

玲珑馆

院内主厅听雨轩

院内北侧做小水池

拙政园西部剖面图（浮翠阁、笠亭）

浮翠阁，立于山顶，双层小阁，平面为八角形，灵秀轻巧。登阁四望，满园青翠，小阁如漂浮在绿色的海洋中，因此得名浮翠。阁内原有楹联一副："天连树色参天尺；地借波心拓半弓"，形象地描绘出在阁内观景的效果

笠亭，立于土山上的一座圆顶小亭

小飞虹东接倚玉轩，西接得真亭，斜跨水面，为园内唯一的一座廊桥。廊桥，顾名思义是廊和桥相结合的一种形式，多见于木构桥梁。在桥上加建桥屋，一方面可以保护桥体内部结构，另一方面还可使桥上的行人免受日晒雨淋

拙政园中部池西的两层楼阁见山楼

枇杷园东视剖面图

绣绮亭，位于枇杷园北侧假山上，亭平面为方形，四面开敞，再加上此处地势较高，实为观景的绝佳位置。这里西与远香堂相呼应；东为海棠春坞；北可望荷花池及池中两座小岛；向南看则是幽静的枇杷园小院

玲珑馆，远香堂东南角一座小院，以波浪形的云墙与周围环境分隔开，墙内种植许多枇杷树，院内正中为玲珑馆，馆南有嘉实亭馆北堆砌湖石假山一座，外形婉转玲珑

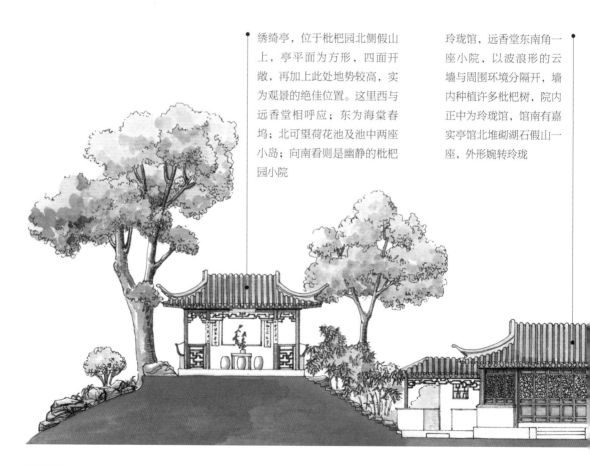

与谁同坐轩，位于西部景区水中小岛的东
南角，是一座面水而建的扇面亭

塔影亭，拙政园西部最南端的小亭，临溪
而建。据说原来这里没有建筑遮挡，亭内
可看到园外北寺塔的倩影，所以取名塔影
亭；还有说法是，小亭倒映水中，形如宝
塔而得名

嘉实亭，枇杷园南侧的一座小亭，
亭名取自黄庭坚"江梅有嘉实"

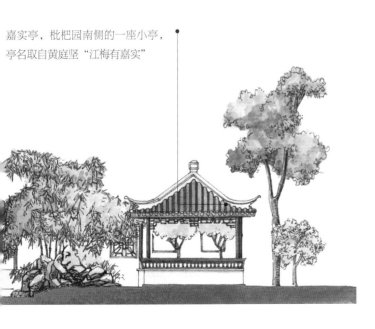

怡园

集锦式的园林

怡园位于苏州市人民路，建于清末光绪年间，为一处官僚的私园。

怡园被复廊分为东西两部分，廊上开各式各样的漏窗，东部以玉延亭、四时潇洒亭、拜石轩、石听琴室和曲廊围绕的庭院为主。西部以山水为主，于园中央凿东西向狭长的水池，环池布置峰石、花木，以锁绿轩为起点，经过金粟亭，穿过亭前曲桥，可达临水厅堂藕香榭。藕香榭采用鸳鸯厅的形式，北半厅称藕香榭，因池中种植荷花又名荷花厅，厅前伸出平台，用于夏季观水赏荷；南半厅称锄月轩，厅南用湖石砌出花台，上种牡丹、芍药、白皮松等花木。花台东有疏梅几株，所以南半厅又称梅花厅。厅东复廊与南雪亭相连。池西筑有面壁亭，构筑湖石假山，山洞与石壁较为自然，山间宽敞地带建造小亭，于亭中观望园景，水池、林木、厅堂参差隐现，层次较为丰富。

东园以庭院为主，玉延亭在东区尽头，周围遍植紫竹。园主顾文彬曾作诗赞美这里的景色："主人友竹不俗，竹庇主人不孤。万竿戛玉，一笠延秋，洒然清风。"院内还有一座小亭名为四时潇洒亭，同是以竹子的形体姿态命名的。亭壁上刻有著名的"玉枕兰亭"摹本石刻，亭侧曲廊上也嵌有大小石刻书条石，这组建筑共保存有历代书法石刻一百零一方，称为"怡园法帖"。院内修竹成林，芭蕉、梧桐、桑、枣、梅夹植其间，营造出明媚开朗的庭院空间。四时潇洒亭不远处的卷棚硬山顶建筑为石听琴室，建筑内部被隔为东西两间，东为坡仙琴馆，西为石听琴室，南北皆有庭院，这是一组以音乐为主题的园林建筑。

出石听琴室南行是拜石轩。院景仿留园石林小院而置，轩名取自宋代米芾拜石典故，院内峰石窍嵌空如古树倒垂，云霞横出，是园内一处奇观。院南山茶、翠竹、松柏、冬青经冬不凋，岁寒独茂，故也称岁寒草庐。

怡园营建较晚，力求吸取苏州各园之长处，画舫斋摹自拙政园香洲，拜石轩仿留园，复廊借鉴沧浪亭之例，水池仿网师园，假山有环秀山庄的痕迹等，有集锦式的特点。庭院处理也较为精炼，布局周密，曲折多变，山池花木，亭台廊榭，无不疏朗宜人，湖石点缀多且美，颇得自然之趣。不过园景内容因一味求全，罗列较多，反而略失特色。

怡园拜石轩庭院

画舫斋，怡园西北部抱绿湾的船形建筑

螺髻亭，位于怡园西部主景假山顶端，六角攒尖顶，四面开敞，檐角起翘，悬挂宫灯，体态轻盈，建于山顶以便登高远眺。亭下湖石叠砌的假山中洞穴深奇、婉转曲折，营造出幽深、变化莫测的氛围

怡园藕香榭，临水而建，意为赏荷品藕的田园情趣

怡园鸟瞰图

藕香榭，为怡园的主体建筑，四周带回廊

画舫斋，好似一艘要起航的船

碧梧栖凤，取自白居易诗句："栖凤安于梧，潜鱼乐于藻。"，建筑位于梧桐深处

锁绿轩，取自唐代杜甫诗句："江头宫殿锁千门，细柳新蒲为谁绿"

拜石轩，为四面厅

石听琴室，是聚会休息的场所，配植松竹花木，丰富了景色

狮子林

山石峥嵘

元至正二年(1342年)，天如禅师的弟子在苏州购置园地，为老师安排寓所，在园内置宋徽宗营造艮岳遗留下的湖石，种植竹木。画家倪云林曾参与造园，绘制《狮子林图卷》，作《过师子林兰若》诗，把诗和园有机地结合起来。徐贲曾作《狮子林十二景》，包括冰壶井、问梅阁、立雪堂、卧云室、小飞虹、指柏轩、玉鉴池、禅窝等。明万历十七年(1589年)，明性和尚重建狮子林圣恩寺佛殿、经阁、山门等，使狮子林繁盛起来。清康熙年间，寺和园分离，又改为民居，后来衡阳的知府购得此园，更名涉园。1703年，康熙南巡来到此园，赐名"狮林寺"。乾隆三十六年(1771年)，黄熙中了状元，重新修建此园。1917年，颜料巨商贝润生购得此园，在周围筑起高墙，建住宅、家祠，增建了小方厅、湖心亭、九曲桥、石舫、见山楼、人工瀑布、九狮峰园和"牛吃蟹"假山等景点，形成了狮子林现在的格局。

素有假山王国之称的狮子林，园中峰峦起伏，洞壑婉转，千奇百态。山峰间百年古树枝干交错，绿叶掩映，气势雄伟。峰下石洞处处空灵，高下盘旋，峰回路转，连绵不断。

园中主要湖石假山在指柏轩南面，延伸至修竹阁，西端伸入池中，占地面积1000多平方米。假山模仿天目山的狮子岩而建，分上、中、下三层，有山洞21个，盘道9条，中间一条溪涧把山分成东西两部分，东面的洞穴起伏跌宕，西山石洞曲径通幽。假山上的湖石千奇百态，状如狮、鱼、鸟等动物造型，最特别的是各式各样的狮子形象，

狮子林剖面图（荷花厅、古五松园）

湖心亭，位于狮子林水池中心，又名观瀑亭。湖心，是指亭的位置正处于水池的中央；观瀑则侧重于亭子的观景作用。亭东西两面有石板曲桥与池岸相连，共计九曲

荷花厅在狮子林北部正中，这里是整个园林的交通和景观中心

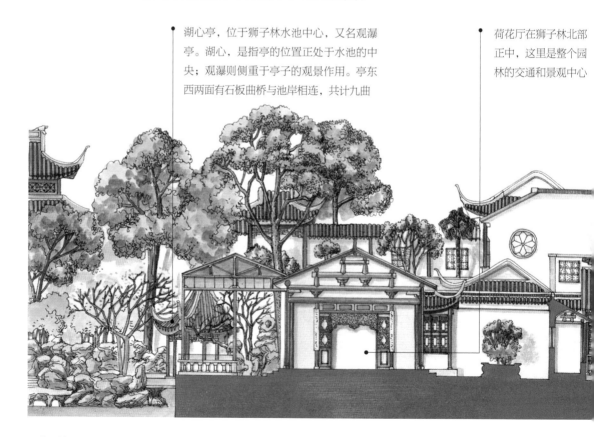

舞狮、睡狮、卧狮、嬉狮，变化万千，意趣无穷。假山立意含有佛教思想，意境取自佛教圣地九华山。在叠山手法上，以模拟真山为原则，大胆创新，不求婉转含蓄，但求怪异奇巧，意在创造出高低冥迷、洞壑幽深、如迷宫般的氛围。但有的学者认为，狮子林假山重在求"大、怪、异、奇"，它只是满足了人们视觉上对新奇事物的渴求。由于山的体形较大且全山均用异形的湖石堆砌，因此没有达到一定的高度，忽略了园林叠山要"掇山如画，须有深远之意；寄情丘壑，得自具象之外"的深层境界。与环秀山庄的湖石假山相比，其内涵和艺术成就尚有差距。但园林本身就是以游赏为主的建筑空间，最大限度地满足游人的感官享受无疑是最基本的原则，以此而论，狮子林假山又是十分成功的一例。

狮子林的回廊也极具特色，从东到西，自南至北，全依地形高下升降，筑半亭，配屋脊，贯通园中南、北、西三面众多景点和建筑物，总长200多米。既连接了园内的交通，又拓宽了观景视角，使人感到意趣无穷。

燕誉堂，狮子林主厅，中部用屏门将建筑分隔成南北两厅，内部空间高敞宏丽

扇子亭，位于园西南两条长廊的相交处，亭前以竹石点景

古五松园，是狮子林北部一处幽静的小院，园内原有五棵老松，因此得名

卧云室，为湖石假山北的一座二层小楼

狮子林剖面图（问梅阁、双香仙馆、扇子亭）

扇子亭

双香仙馆，在问梅阁南的山石花木中，阁前有梅花，馆前有荷花。冬夏季节都有景可赏

问梅阁，阁名取自王维诗："君自故乡来，应知故乡事。来日绮窗前，寒梅著花未?"

狮子林假山上的三叠瀑布，水源主要为雨水，流水落入湖中，水花四溅，此处是苏州园林中唯一的人造瀑布

狮子林东部，主厅燕誉堂北小方厅院内，苍翠美石，意境悠然

半亭，顾名思义，就是半个屋顶的亭子，这种亭子一般靠墙或廊，以节省空间

留园
曲径通幽

留园位于苏州古城阊门外。始建于明嘉靖年间，初为太仆寺卿徐泰时的私家花园，清乾隆年间，被官僚刘恕所得，园内多植白皮松、竹，因此改名寒碧山庄，又称刘园。据刘氏自撰《寒碧山庄记》："予因而葺之，拮据五年，粗有就绪。以其中多植白皮松，故名寒碧庄。"同治末年，园归大官僚盛康所有，修葺后改名留园。

留园占地面积约2.33公顷，园内建筑精美，花木繁茂，池水明瑟，峰石林立，是苏州园林的典范。它与拙政园、北京的颐和园、承德的避暑山庄一起被誉为中国四大名园。留园分为中、东、西三部分，西区以山景为主，中部山水兼有，东区以建筑取胜。

中部为寒碧山庄的旧所，经营时间最长，是全园的重心所在。中部又分为东、西两区。西区以山水见长，东区以庭院建筑为主，二者各具特色，互相衬托。留园也是中心辟池，池两岸堆砌山石，以大块黄石为主体，气势浑厚，上多置空的湖石峰，黄石、湖石混置。池北假山以可亭为构图中心，与涵碧山房隔水相望，又与远处的明瑟楼呼应，构成一副动人的画面。西山林木深处，闻木樨香轩掩映其中，优美的造型和合适的尺度使建筑与周围环境相得益彰。池南环以造型多变的建筑，绿荫轩、明瑟楼、涵碧山房有机地串联在一起，显得北面的山池景色格外明亮。东部景区最引人注目的莫过于水池东部的冠云峰庭院，其中冠云峰高达6.5米，为全院的主景和构图的中心，瑞云、岫云两峰退居两侧。环绕山峰筑林泉耆硕之馆、冠云楼、冠云亭和仁云庵。

留园对空间序列的处理手法堪称高超。留园从入口至曲溪楼、西楼中部景区，以一系列暗小曲折的空间为引导，既狭长幽深又黯淡封闭，容易让人产生沉闷单调之感，绕过"古木交柯"花石小景，忽见一池清波呈现眼前，顿觉豁然开朗。这里充分利用了空间的收放开合、光线的明暗变化等手法，实现了园林中先抑后扬的艺术效果。

同是以水池为中心，与拙政园相比，留园水池面积要小得多，但景致优美却不亚于拙政园，在水池中心有一座摹拟"蓬莱仙境"而造的小岛，名为"小蓬莱"

明瑟楼临水而建，其西是卷棚硬山顶的涵碧山房。两座建筑一高一矮，一竖一横，一繁一简，造型奇特，情趣盎然

"墙外青山横黛色；门前流水带花香"，这也许是对清风池馆景区最好的写照

一石独秀冠云峰

留园剖面图

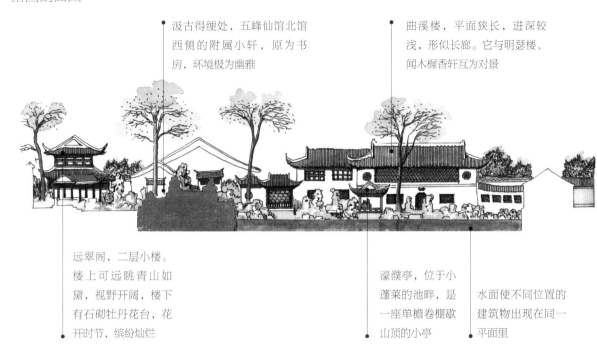

汲古得绠处，五峰仙馆北馆西侧的附属小轩，原为书房，环境极为幽雅

曲溪楼，平面狭长，进深较浅，形似长廊。它与明瑟楼、闻木樨香轩互为对景

远翠阁，二层小楼。楼上可远眺青山如黛，视野开阔，楼下有石砌牡丹花台，花开时节，缤纷灿烂

濠濮亭，位于小蓬莱的池畔，是一座单檐卷棚歇山顶的小亭

水面使不同位置的建筑物出现在同一平面里

五峰仙馆后院透视

以半廊代替实墙，使空间更为开敞

馆内家具陈设、案头清供、盆景古玩，形态古朴典雅

梁架全由楠木构成

碧纱橱裙板上有暗八仙图案，雕刻精美细腻，体现了江南木雕的细致柔腻

留园古木交柯及绿荫轩透视图

院东为古木交
柯古木小景

墙上开门，透过门窗可见绿荫
轩，门里有门、窗内套窗，把
园林空间无限延伸下去

华步小筑是留园入口处的一个小景观，小巧又有情趣

石林小院北视剖面图

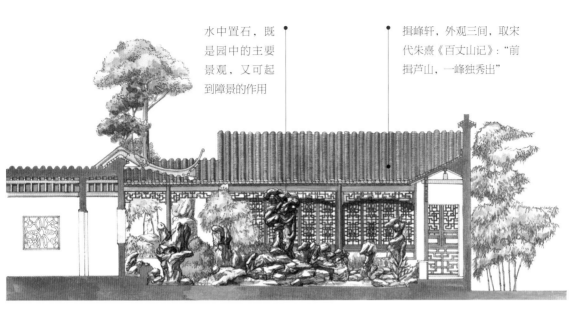

水中置石，既是园中的主要景观，又可起到障景的作用

揖峰轩，外观三间，取宋代朱熹《百丈山记》："前揖芦山，一峰独秀出"

石林小院局部透视图

石林小院是以石为主的景点。据旧园主刘恕在《石林小院》中载，园内当初有五峰二石，包括晚翠峰、段锦峰、独秀峰，分别位于南面、东面和西北角。此外，在东南小院矗立竞爽、迎辉两峰，二石相对，因此为院题名为"石林"。院以曲廊、亭、轩围合而成。

网师园
渔隐小筑

网师园位于苏州城东南阔家头巷，原为南宋官僚史正志万卷堂故址。清乾隆年间易主重修，改名网师园。

宅园面积约0.7公顷，其中花园部分占大多半。园林以宅园完整、小巧精雅、以少胜多、迂回有致著称，尤以水景取胜。宅居部分在园的东部，规模适中，格局规划严整，为典型的清代官僚住宅，由照壁、门庭广场、门厅、轿厅、大厅、内厅及后院、下房组成。

花园部分位于宅居西部，以水池为中心，分为池北、池南、池东三个景区。水池面积不到500平方米，平面呈方形，水面聚而不分，仅东南和西北两角伸出水湾。水面开阔，池岸低矮，黄石池岸叠石处理成洞穴状，使水面有水广波延、源头不尽之感。池中不植莲荷，天光山色、廊屋树影倒映水中，丰富了景色。池南小山丛桂轩与蹈和馆、琴室为居住宴聚的小庭院。小山丛桂轩是这里的主要建筑，为四面厅形式，体量不大，造型舒展飘逸。轩前轩后都有叠石，前面以黄石叠砌"云岗"模拟崖岗山景，因山北临池，所以采用"岩横为叠"的手法，将黄石块体依断层岩体层结构的节理，错综叠置，形象地表现出高崖巨岩所形成的断岩地貌。山上缀植桂、柏、蜡梅、紫薇等花木，绿意盎然，适合早、晚观赏。云岗东部是精致轻巧的濯缨水阁，阁临水而建，底部以石梁柱架空，仿佛漂浮在水面一般。屋顶采用柔曲的卷棚歇山顶，粉墙黛瓦，配以朱栏栗柱，古雅质朴。轻巧的水阁搭配浑厚的云岗，对比效果十分明显。

池北是以书房为主的庭院区，主要建筑包括五峰书屋、集虚斋、看松读画轩、殿春簃等。正对水池、体量较大的看松读画轩远离池岸，与濯缨水阁成对景。轩东为集虚斋和五峰书屋，两座书楼前后错落，紧紧相靠，楼内有侧门相通，庭前则以墙相隔。轩西为殿春簃，因院中曾种植芍药而得名，这里是一处封闭独立的小院。庭院虽小，假山、水池、厅堂、榭台等一应俱全，布置有疏有密，景致天然自成，俨然一座园中小园。

网师园以居住生活为主，园内建筑较多。临池而置的廊、榭多凌波近水，小巧精雅。池西岸的月到风来亭、池北的竹外一枝轩、池南岸的濯缨水阁等建筑多檐角起翘，有翼然欲飞之势。看松读画轩、集虚斋等体量较大的建筑位置略有退后，或隔以峰石、花台，或隔以庭院、树木，使这些体量较大的建筑不致逼压池面，增加了园景的层次和深度。池东靠住宅的粉墙，用半亭、空廊等辅助性建筑加以点缀，在墙前叠假山、植紫藤等藤蔓植物，对破除墙面的僵直平板感，有很好的效果。

网师园万卷堂正门

风到月来亭，又名待月亭，六角攒尖顶，亭角飞翘，造型灵动，亭内是观景的佳处。亭位于曲廊之外，三面环水，一面与曲廊相连

濯缨水阁，取自《楚辞·渔父》之句："沧浪之水清兮，可以濯吾缨；沧浪之水浊兮，可以濯吾足"。水阁面阔一间，单檐卷棚歇山顶，坐南朝北，临水而建，基部全用石梁柱架空，如浮在水面一般。水阁与北面的风到月来亭之间以曲廊相连，成为一体，从对面隔水相望，就像曲廊挑着亭和阁

梯云室掩映于山石花木丛中，院中布置太湖石、蜡梅、花坛，构成一副生动美丽的画面。梯云，取自《宣室志》："唐太和中，周生有道术，能梯云取月"的故事。梯云室与门厅、轿厅、万卷堂、撷秀楼共同组成网师园的住宅区

竹外一枝轩，小轩位于彩霞池东北，临池而建。轩南设一排吴王靠，便于游人休息、凭栏赏景。它与东侧射鸭廊的吴王靠相连。轩东墙上有雕饰精美的花鸟砖雕，西墙上开设漏窗，把窗外的垂丝海棠框入其中，画意陡生

网师园内湖石小景，湖石表面光滑，纹理层次明显，具有很强的观赏性

万卷堂是网师园的大厅。大厅用料精良，上面的檩子、椽子和望砖都是真材实料

半山亭，亭建在撷秀楼和与万卷堂毗邻的高大东墙上，是墙与池塘间的巧妙过渡，亭依势而建，又起到连接景观的作用

网师园中部

看松读画轩 以轩为名，实为厅堂。面阔四间，三明一暗，高敞空透，内抱柱上有楹联："风风雨雨寒寒暖暖处处寻寻觅觅；莺莺燕燕花花叶叶卿卿暮暮朝朝"。用十四组叠词，传神地描绘出轩前如画的风景

殿春簃 建筑面阔三间，仿明代造型，古朴简洁

彩霞池 网师园以水景取胜，园林理水宜聚不宜散，以彩霞池为中心，把全园的水流汇聚到园的中央

琴室 蹈和馆之南有一处幽雅的小院，琴室位居小院东北角，倚墙而建，是座黛瓦覆盖的半亭

小山丛桂轩 这是网师园的主要建筑，开敞的四面厅，单檐卷棚歇山顶，造型轻巧、舒展

沧浪亭是苏州现存最古老的园林，占地面积约1.1公顷，最早建于五代时期，百年后渐废。北宋庆历四年(1044年)文人苏舜钦遭贬谪，将寓所迁至吴中，见此处幽雅精辟，流水萦回，便以高价购得，在园北筑亭，有感于"沧浪之水清兮，可以濯吾缨。沧浪之水浊兮，可以濯吾足"之句，将亭命名为"沧浪亭"，并自号为沧浪翁，作《沧浪亭记》。

园林几经兴废，早已不是宋代的面貌。沧浪亭以"崇阜广水"为特色，布局以山为主，主要水面在园外，作为外景。园门在西北角，临水而置，门前一桥沟通两岸。苏州园林多用围墙构筑出一定的庭院空间，中心设水池，建筑环池而置，形成建筑环水的布局。沧浪亭借助优越的天然地势，利用园外的水面，按照人的视觉具有离心、扩散的特点而取外向的布局形式。具体来讲就是使建筑物背向山、面朝外，这样可以充分利用山地的特点使人的视野开阔，从而创造优越的观景条件。

沧浪亭园外北部临水，为求得呼应，使部分建筑、回廊取外向的形式，从而兼有内向、外向两种布局形式的特点。造园者一改高墙围园而拒溪于外的做法，沿河修筑一条长长的贴水复廊，将水景直接与园林融为一体。沿廊还设置了藕香榭、面水轩、观鱼处等临水亭台，作为游廊衔接的转折和收头，给人以溪流曲折和水面开阔之感。园内景致隔水而露，园门涉水而开，巧借园外之水，为园内风景添色，让游人未入园先见水。历史上沧浪亭曾几次由佛寺变成祠宇，

两端连接长廊的御碑亭，采用半亭的形式，站在亭内东望土石假山，满目苍翠，山势起伏，有"横看成岭侧成峰"的意趣

沧浪亭入口

沧浪亭建于土山顶平坦的空地上，亭为石质仿木结构，很有古

朴之风，亭四周不做对景建筑，使沧浪亭在山林中更富韵味

沧浪亭翠玲珑

沧浪亭面水轩立面图

沧浪亭平面为方形，卷棚歇山顶，檐下设斗拱，雕梁画栋、精致考究，四周林木葱郁，幽径盘回，精致清幽

连接观鱼处和面水轩的复廊，廊壁设漏窗沟通园内外风景，漏窗样式丰富多变，无一雷同

洞门框景

具有公共性质，因此园林布局呈现出半封闭半开放的形式。

除园入口临水的亭榭外，环山所有的建筑都面山而立，向心布局。山是中心，建筑的视角均为仰视，"高山仰止，景行行止"的主题思想表现得淋漓尽致。在峰峦东北部森森乔木之中建石亭沧浪亭，石柱石枋，与整个园林的气氛相协调。东侧山脚下有闻妙香室，旧为读书处，环境清幽。由此西行，是全园的主体建筑明道堂，大厅面阔三间，宏伟庄严。在山冈之南有瑶华境界与明道堂回廊组成一处幽静的四合院布局，西有印心石屋，屋上建看山楼，北行又有翠玲珑、仰止亭、五百名贤祠、清香馆等建筑，所有建筑不施藻饰，古朴大方，富有山林野趣。

沧浪亭的土石山几乎占据了园林的前半部，却不显庞大拥挤。营造者巧妙运用土石相间的叠山手法，将山石筑于山脚和上山蹬道，以石抱山，既起到固土的作用，又表现出山的自然形态。

面水轩是一座四面设落地长窗的厅堂，环境开敞，是休息赏景的佳处

沧浪胜迹牌坊在河对岸，桥的另一端

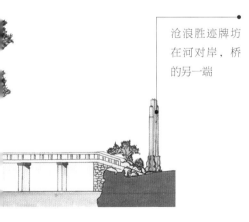

环秀山庄
俏美假山园

环秀山庄，位于苏州市景德路272号，原为五代钱氏金古园故址。清乾隆年间，为刑部侍郎蒋楫所有。道光末年改为汪姓宗祠，更名环秀山庄。园林面积不大，也无外景可借，却能利用有限的空间，以山为主，以池为辅，营造出自然和谐的山水空间。园中尤以叠石为精，现存假山为清代叠山名师戈裕良所作。

山有主次之分，池东的假山为主山，池北的假山为次山，池水缭绕于两山之间，对假山起了很好的衬托作用。主山分前后两部分，前山全部用石叠成，外观峰峦峭壁，内部虚空为洞。山洞采用穹隆顶或拱顶的结构，犹如喀斯特溶洞，逼真且坚固。洞内置石桌石凳，可供休息。洞壁凿空穴，透光通风，光线从洞孔射入洞内，影影绰绰，忽明忽暗，给人扑朔迷离之感。后山临池用湖石作石壁，与前山之间形成宽1.5米、高4.6米的涧谷，山势雄奇峭拔，体形灵活富有变化。两山虽分，但气势连绵，浑然一体。

假山的局部处理，参照天然石灰岩被雨水冲蚀后的状况，将湖石叠成各种形体，或为球形，或呈条状，或为片状。全山整体组合恰当，没有琐碎零乱的缺点。石块拼连也根据湖石纹理、体势做有机组合。全山采取重点用石的办法，凡是峰、壁、涧、谷、溪岸等引人注目处，都用形象好、体块大的石块，尤其是造峰、筑壁的石料选择，更为精细。山后靠近围墙等不显要处，石块质量相对较差。池中和谷中经常浸于水面以下的部分则用普通黄石，既节省湖石，又有较好的效果。

山的尺度虽小，但能把自然山水中的峰峦、洞壑的形象，经过概括提炼，集中表现在有限的空间内，才真正体现了咫尺山林的意境。

补秋舫东面小亭"半潭秋水一房山"，立于假山之上，下临小石潭，因此得名

环秀山庄西廊南端庭院，厅堂井然，与参差林立的假山景区是
两种不同的风格

问泉亭本是园中的主景，同时在亭内又可观视四周，亭北石壁
下有一眼泉水，水流淙淙，为此处增添了无限趣味

园林西南角的三折小曲桥是游人进入中心假山的主要通道，桥体形式简单，没有过多修饰

环秀山庄亭台前的月台宽大平整，为游人提供了观水赏景的场所

环秀山庄补秋舫剖面图

补秋舫四周开窗，南临水池，面对假山。从这里眺望假山有尺幅千里之势

墙上开各式漏窗用于沟通园景

园景以山为主，湖石假山占地面积300多平方米，有危径、洞穴、飞梁、绝壁、幽谷、石崖等山石景象

环秀山庄西侧游廊，廊壁立面形式十分丰富，漏窗、石刻、洞门等都为单调的墙面丰富了效果

美景图 — 天然铸就

民间景观园林

民间景观园林就是这样，一湾碧水、一桥烟柳、一叶扁舟、一檐小亭，不加修饰，有着出水芙蓉般的清丽，不筑墙垣的园林空间更体现了它的包容性。

民间景观园林概述

草木荣华，自由天成

除了前面提到的皇家园林和私家园林，还有一些宗教祭祀用的、纪念性的园林以及在天然山水基础上构建的自然景观园林，这里把除了皇家园林和私家园林以外的其他园林统称为民间景观园林。这类园林最显著的特点是对外开放，具有公共游览的性质，同时这些园林历史悠久，多为几代传承下来的名胜古迹，因园林的营建不是一个人或同一时期完成，所以园林建筑风格多样，人文气息比较浓厚。

扬州的柳树随处可见，但是观柳的最佳位置莫过于瘦西湖的"长堤春柳"。"长堤春柳"是清代乾隆年间的扬州二十四景之一。长堤的柳树以垂柳最多，它婀娜柔曲的优美形态与蜿蜒曲折的湖面是那么的协调。梦里江南有喝不完的酒，烟花三月有不尽的柳。烟花三月是观柳的最好时节

虎丘山风景名胜区在苏州城山塘河的北岸，全山面积约16公顷，四周小溪环绕，山体为流纹岩，图为虎丘山御碑亭

扬州瘦西湖熙春台主楼坐西朝东，上下两层，绿琉璃瓦覆顶，造型雍容雅致，是扬州亭台建筑的代表

瘦西湖小金山玉佛洞

苏州拥翠山庄

蜿蜒而上的山地小园

拥翠山庄坐落于苏州名胜虎丘山二山门内蹬道西侧，是苏州地区唯一在山地建造的园林。该园林建于清代，据说邑人朱庭修与僧云闲于虎丘山寻古访踪，发现憨憨泉遗址，泉水甘甜清凉，于是和同游的洪钧、彭南屏、郑叔文、文小波等人共同集资在古泉附近营建山庄。

山庄地形狭长，剖面为阶梯状，共分四层，层层上升，建筑随山势高下叠落布置。每层台地布局都不相同，各自成景。园门位于山庄的最南部，门内庭院有轩名为"抱瓮轩"，这里为园内第一层景观，地势最低。

从轩后的假山蹬道可到达第二层园景问泉亭所在的庭院。亭三面开敞，内置石桌石凳供人小憩，亭东南为拥翠阁，西北叠太湖石假山，叠出"龙、虎、豹、熊"等形状，与门外墙上题字相呼应。随山势而上，假山西侧是坐西朝东的"月驾轩"，轩凌石而建，突出山地西坡。月驾轩以北为第三层景观，主要建筑为灵澜精舍，东侧筑有宽大的平台，用以观景眺望。拥翠山庄采用小园林中常见的两头实、中间空的格局，建筑在随势的同时尽量对称而置，抱瓮轩、灵澜精舍以及第四层的送青簃处于同一轴线上，而中部问泉亭、月驾轩一段又做不对称布置，体现了山地建园灵活自由的布局特点。

拥翠山庄面积不大，仅有700多平方米，而园内建筑并没有迎合园地尺寸做成小巧精致的类型，如中部的问泉亭在体量上就有过大之嫌。

拥翠山庄山石蹬道，反映出层层递升的山势

拥翠山庄门前，两侧墙上书有"龙、虎、豹、熊"四个大字，每字直径1.3米

送青簃院落是一处用建筑围合的小庭院，厅堂井然，空间布局简单

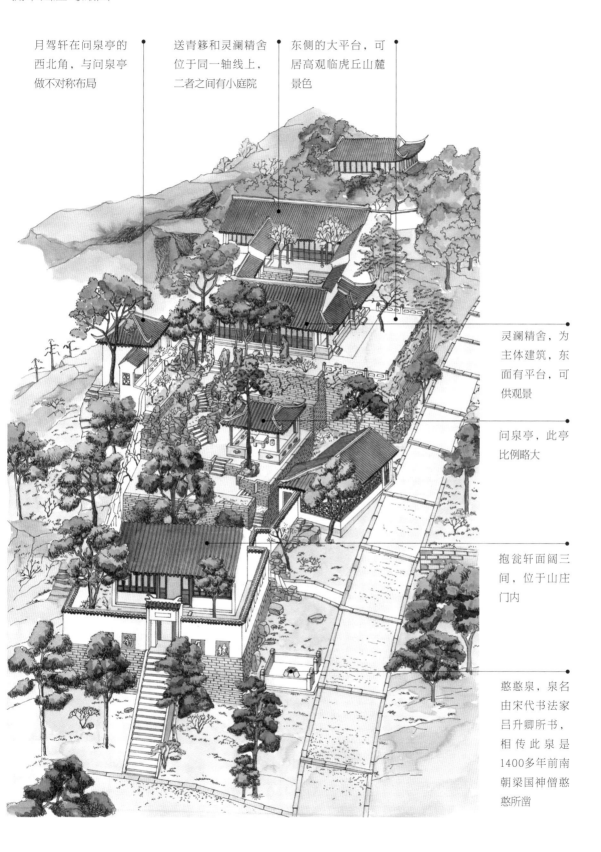

月驾轩在问泉亭的西北角，与问泉亭做不对称布局

送青簃和灵澜精舍位于同一轴线上，二者之间有小庭院

东侧的大平台，可居高观临虎丘山麓景色

灵澜精舍，为主体建筑，东面有平台，可供观景

问泉亭，此亭比例略大

抱瓮轩面阔三间，位于山庄门内

憨憨泉，泉名由宋代书法家吕升卿所书，相传此泉是1400多年前南朝梁国神僧憨憨所凿

杭州三潭印月

浓妆淡抹总相宜

三潭印月，又名小瀛洲，位于杭州西湖中部偏南，是西湖十景之一，也是西湖最大的岛。它与湖心亭、阮公墩被人们誉为"湖中三岛"。岛环形围堤，岛中又以大片水面为主景，形成湖中有岛、岛中有湖的格局。岛的东西向连以土堤，南北以曲桥相接，整个岛的平面呈"田"字形。

全岛以南北向的桥为轴线，由南向北依次建置我心相印亭、六角亭、花鸟厅、迎翠轩、小方亭(亭亭亭)、三角亭(开网亭)、先贤祠等建筑，整体布局一目了然，清晰明朗。

我心相印亭是观赏岛南三潭印月的绝佳位置。在岛南的水面上，有三座石塔，塔高2米，塔基为圆形石座，塔身呈球形，上为葫芦形的塔刹，远望三塔如宝瓶漂浮在水上。三塔呈等边三角形布局。每座塔身中心镂空，四周凿有五个小孔。相传，在中秋之夜，将石塔的五个小孔用薄纸封上，塔内点蜡烛。烛光透过小孔映在水中，如月影浮动，与天上倒映在水中的满月交相辉映，这就是有名的"三潭印月"。康熙皇帝题西湖十景时把"映月"改为"印月"，仅一字之差，就改变了园林的意境，流泻出"碧水光澄浸碧天，玲珑塔底月轮悬"的自然之境。

小瀛洲布局巧妙，岛上建筑也突显个性。其中我心相印亭、亭亭亭和开网亭三座小亭格外引人注目。单看亭名就与众不同，"我心相印"取自佛教用语，意为"不须言，彼此意会"，"开网"则取"网开一面"之意。亭亭亭是一座四角燕尾亭。亭的正面匾额上书写着"亭亭亭"三字。这三个亭各有不同的含义：第一个亭是亭子的意思；中间的亭取其谐音"停"，有停下来休息之意；第三个亭则是亭亭玉立的意思，形容三潭印月给人的感觉。三亭造型也各有风采，开网亭采用奇特的三角形平面，三根立柱上顶三角起翘玲珑的屋顶，在形式丰富的亭中显得最为轻巧。它位于曲桥的第一折，与东南方向的攒尖顶的亭亭亭在构图上达到不对称的效果。两亭均架水凌空、玲珑透漏，仿佛漂浮于开阔的水面上，大大丰富了湖区水面的景色。

岛的南北两端以曲桥贯通，多折的曲桥可克服长而直的单调感，同时可以改变缺少变化的水面。桥的曲折变化，因水面环境而异，一折、两折、三折……最多九折，因此得名九曲桥。这种桥具有亲切的尺度感和飘逸感，在江南园林中较常出现。小瀛洲岛北有一段环形长堤，把北部水面分成两个不均等区域，于是在堤西就势建九曲平桥，以堤和桥重新围合出带状的水系，从而打破横平竖直的水面格局。这座桥九转三回，宛转曲折，桥身嵌入水中，蜿蜒湖上，石栏低矮，简洁轻快，造型十分优美。游人行于桥上，低头可观湖中游鱼嬉戏，闻荷花飘香，放眼可望碧水青山、花木楼台。桥上由北向南建亭数座，有开网亭、亭亭亭、御碑亭等。岛南曲桥波折较少，桥上无栏无柱，简洁大方。

岛上、堤上遍植柳树，夹以石楠、水杉、桂树、重阳木、香樟、枫杨、白玉兰、紫薇、月季、紫丁香等花木，湖中有红的、粉的、鹅黄的、洁白的睡莲，荷花娇艳欲滴，摇曳于湖光水色之中，使整座水园萦绕在荷香之中。三潭印月的园林植物配置，是历代经营者苦心经营和策划的。结合具体环境，突出主题，逐步达到美化、香化和生产化统一的效果。

杭州西湖平湖秋月

九曲桥，一座九转三回的平桥

先贤祠堂面阔三间，硬山顶，四面落地门窗，山墙嵌有漏窗，图案多种多样，有松鹤图、双鸭图、鸳鸯图、双鹤图。这座建筑原是彭玉麟的退省庵，彭玉麟死后改为彭公祠。后又改为浙江先贤祠，奉祀的是明末清初的黄宗羲、吕留良、杭世骏和齐周华四人

三潭印月鸟瞰图

西湖是美丽的，它美得大气，美得从容。不仅因为它自然天成的优美景致，还在于它悠久的历史和包容的气质，也许苏东坡的那首诗最能概括西湖的美丽："水光潋滟晴方好，山色空蒙雨亦奇。欲把西湖比西子，淡妆浓抹总相宜。"

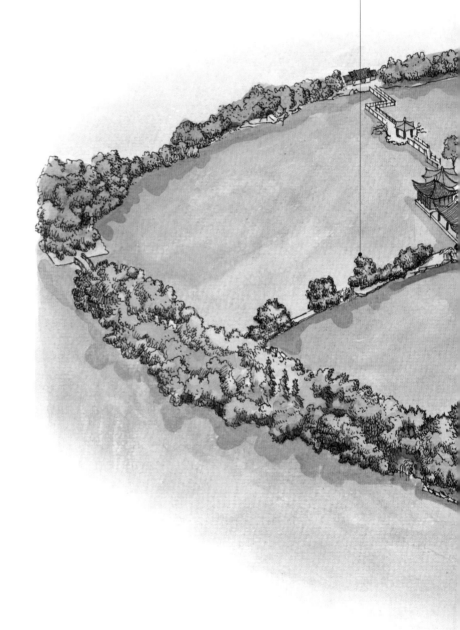

堤岸上繁花似锦，掩映着岛中的亭台楼阁

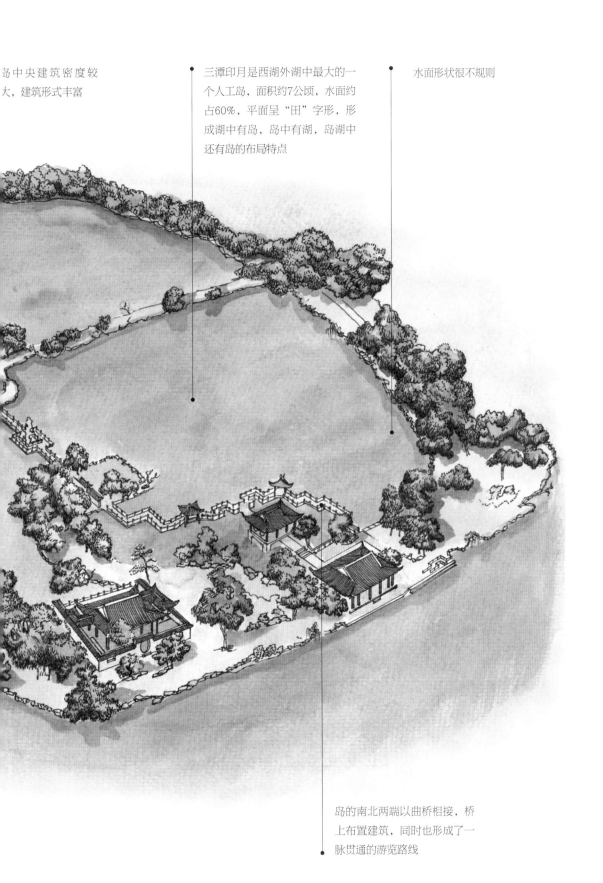

岛中央建筑密度较大，建筑形式丰富

三潭印月是西湖外湖中最大的一个人工岛，面积约7公顷，水面约占60%，平面呈"田"字形，形成湖中有岛，岛中有湖，岛湖中还有岛的布局特点

水面形状很不规则

岛的南北两端以曲桥相接，桥上布置建筑，同时也形成了一脉贯通的游览路线

南湖位于浙江嘉兴市东南，因其地理位置而得名南湖。它与杭州西湖、绍兴东湖合称浙江三大名湖。

南湖风光俏丽多姿，风景如画，千百年来以自己特有的风姿吸引着各地的游客。1921年7月中国共产党第一次全国代表大会在南湖的一条游船上完成了最后的议程，南湖也从此名扬四海，成为革命纪念地。如今南湖已经成为集自然风光与革命纪念地于一身的旅游景区。

南湖有两岛，一是湖心岛，二是位于南湖东北方向、有小烟雨楼之称的仓圣祠。全湖以湖心岛为主体，岛上围绕烟雨楼建有亭台楼阁、假山回廊，形成独特的山院和环湖相结合的园林景观。远看湖心岛如一弯满载而归的小船，行驶在烟波浩渺的湖面上。

烟雨楼是整个南湖景区的核心与象征，处于湖心岛的最高位置，它的名字取自唐代诗人杜牧的"南朝四百八十寺，多少楼台烟雨中。"现楼前匾额"烟雨楼"为董必武所书。楼体坐北朝南，重檐歇山顶，上下两层，建在红色的高台上，四周围有花岗石栏杆。楼前是半月形的荷花池，迎合着湖心岛的建置布局，形成湖中有池，岛中有堤的景观。烟雨楼后是一个不规则的开阔庭院，屋宇游廊环楼而置，院中堆假山，植花木，内容较丰富，形成与前面开敞相对比的"奥如"空间。

烟雨楼高大的体量、雄伟的气势使它在庭院中赫然醒目，无论远望还是近观，都是

烟雨楼东侧立面图

烟雨楼是整个南湖景区的核心与象征，处于湖心岛的最高位置

前呼后拥，左辅右弼，主导地位突出而又不陷于孤立无依。在楼的南、西、北面，还筑有围墙，因此楼下空间更加封闭，使处于湖中的岛屿免除了空旷无依的感觉，增加了静谧的意趣。墙上开有漏窗，可观赏园外水景，使原本相对封闭的庭院与外界有所沟通。

烟雨楼东西两侧栽有银杏树。据说这两棵银杏树是明嘉靖二十八年(1549年)重建烟雨楼时种下的，距今已有400多年的历史，但仍苍劲挺拔，生机勃勃，是南湖景物变迁的历史见证。

南湖岛风光

湖心岛东面门厅清晖堂

小蓬莱，清晖堂门厅南厢房，与其相对的北厢房称为"孤云簃"

烟雨楼鸟瞰图

南湖烟雨楼园林景观有其与众不同之处，整座园林以烟雨楼为主体布置亭台桥榭、山石花木，四周被南湖水景环绕，形成烟水迷离的迷人风景。

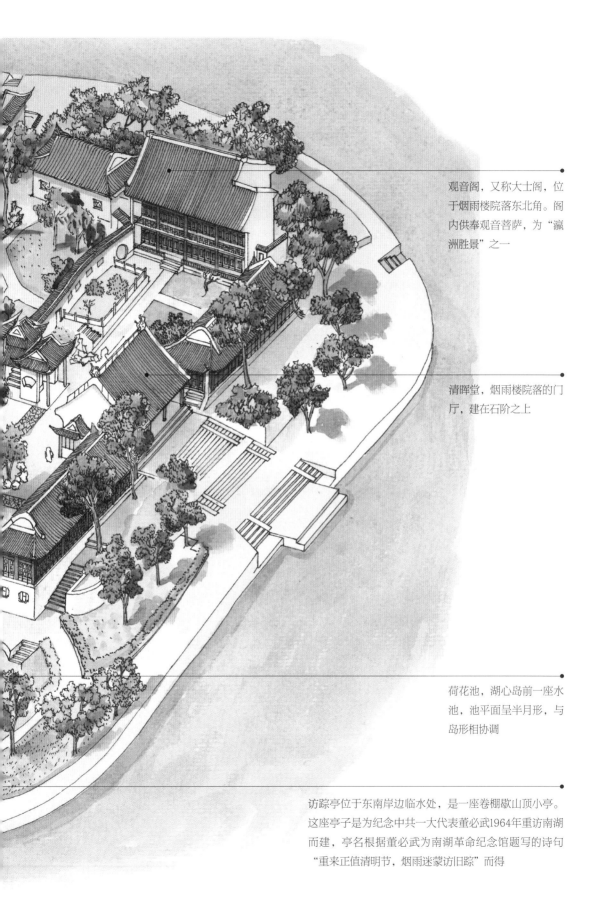

观音阁，又称大士阁，位于烟雨楼院落东北角。阁内供奉观音菩萨，为"瀛洲胜景"之一

清晖堂，烟雨楼院落的门厅，建在石阶之上

荷花池，湖心岛前一座水池，池平面呈半月形，与岛形相协调

访踪亭位于东南岸边临水处，是一座卷棚歇山顶小亭。这座亭子是为纪念中共一大代表董必武1964年重访南湖而建，亭名根据董必武为南湖革命纪念馆题写的诗句"重来正值清明节，烟雨迷蒙访旧踪"而得

绍兴兰亭

曲水流觞，遗韵千年

兰亭位于浙江省绍兴市兰渚山下。春秋战国时期越王勾践曾在此种植兰花，故称兰渚，山也因此得名兰渚山。汉代，这里设有驿亭，故名兰亭。东晋永和九年(353年),大书法家王羲之邀请41名才子文人在兰亭玩曲水流觞的游戏，并留下37首诗篇，集成《兰亭集》，王羲之为《兰亭集》作序，这篇序文文字优美，字体刚劲洒脱，被书法界视为珍品，而兰亭也因此名扬天下。

兰亭景区位于一个相对平缓的平地上，周围为水田。正如《兰亭集序》所述："此地有崇山峻岭，茂林修竹，又有清流激湍，映带左右"。园林内有鹅池、鹅池碑亭、曲水流觞、王右军祠、墨华亭、东池、御碑亭、临池十八缸、书法博物馆等，每处景点都与东晋大书法家王羲之息息相关。浓厚的文化氛围是兰亭在形形色色的江南园林中独放异彩的主要原因。

御碑亭建于康熙三十二年(1693年)。亭平面为八角形，重檐攒尖顶，建在七级石台上面，周围有石栏杆围护。亭内置一石碑，高6.86米，宽2.46米，重达18000公斤。碑顶有云龙图案浮雕。正面刻有康熙皇帝写的《兰亭集序》全文；背面是乾隆皇帝1751年游兰亭时书写的《兰亭即事》诗。同一石碑，共存祖孙两位皇帝的手迹，国内罕见，故也称祖孙碑，有"江南第一碑"的称号。

流觞亭前，有一处"崇山峻岭，茂林修竹，又有清流激湍，映带左右，引以为流觞曲水"的曲水流觞处。这里几百年来几经湮没，现在的曲水流觞处，从1985年开始，每到三月初三的书法节，这里都要接待成千上万的中外书法家、书法爱好者，他们来这里效仿王羲之当年的风流雅事，场面热烈，是兰亭一处引人入胜的景观。曲水流觞这一风俗始于东晋永和年间，王羲之和当时名士孙统、孙绰、谢安等数十人于会稽山下兰亭，曲水流觞，饮酒赋诗，感叹人世的变化无常。这是魏晋时期文人雅士寻求精神寄托的一种方式。之后的文人纷纷效仿此举，于园内建流觞亭，亭内地面上凿刻出曲折迂回的渠道，流水顺着渠道蜿蜒而入，如小溪流水，妙趣横生。从意蕴上讲，在一座小小的亭内流水曲觞，吟诗作赋，与在自然的山水溪涧里豪饮放歌完全是两种风情。而1000多年前晋人的那种与自然山水物我合一的境界，也只有在兰亭才能更深刻地体会到。兰亭因有了流觞溪这一溪曲水，而有了神采和生气。

鹅池碑亭

御碑亭

鹅池碑亭，三角石质小亭，亭内石碑"鹅池"二字字体风格迥异，"鹅"字清瘦有力，而"池"字肥大臃肿

兰亭鸟瞰图

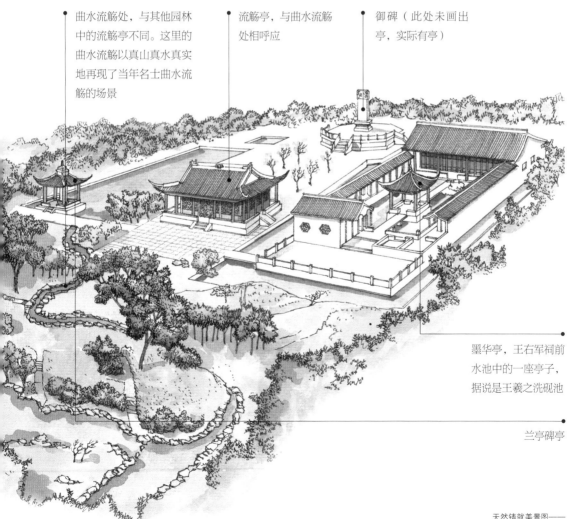

曲水流觞处，与其他园林中的流觞亭不同。这里的曲水流觞以真山真水真实地再现了当年名士曲水流觞的场景

流觞亭，与曲水流觞处相呼应

御碑（此处未画出亭，实际有亭）

墨华亭，王右军祠前水池中的一座亭子，据说是王羲之洗砚池

兰亭碑亭

扬州瘦西湖
明净有加瘦湖水

瘦西湖在扬州市西郊，原名炮山河、保障河。瘦西湖风景区一条清秀狭长的水道，沿窈窕曲折的水道前行，两岸错落地散布着卷石洞天、大虹桥、长堤春柳、徐园、小金山、白塔、凫庄及二十四桥等名园胜景，俨然一副徐徐展开的水墨画卷。其主景为突出水面的五亭桥和白塔，这是瘦西湖的标志性建筑。

瘦西湖白塔位于五亭桥南面的莲性寺内。塔仿北京北海公园的白塔而建，但在尺度上更显清瘦，有别于北海稳重、端庄的形象，其修长、飘逸的外形也正与瘦西湖的"瘦"相切合。

如果说白塔是在高度上成了全园的焦点，那么五亭桥则是在平面组合的造型设计上成为园中的著名景观。五亭桥实为桥，以桥上有亭而得名。五亭排列有序，中亭突出重檐攒尖顶，其余四亭分居东南、西南、东北、西北，呈对称之势，四亭均为单檐攒尖顶，以衬托主亭。五亭外部装饰黄色琉璃瓦、红色亭柱，色彩明丽而不俗艳。飞动的檐角彼此相连，构成一个完整的屋面。条条青脊划出纵横交错的优美弧线，无论从哪个角度看，都有着独特的艺术效果。桥身用青石砌成十五个石桥洞，桥洞弧度不同，大小不一，中间的最大，宽七米，可通大型画舫，外侧的桥洞还依桥的走势做成了扇形。整座桥的桥亭、桥身、桥基比例和谐，造型纤巧，是我国桥梁史上交通桥与观赏桥相结合的成功实例。

早在乾隆年间，瘦西湖就以二十四景闻名四方，享有"园林之盛，甲于天下"的美誉。清乾隆二十二年(1757年)，瘦西湖开挖莲花埂。相传当时扬州的一些盐商，为了迎奉皇帝南巡，在湖的两岸争相建筑，大到亭台楼阁，小至一花一木，无不别出心裁，造景别致。于是形成了绿杨城郭、卷石洞天、西园曲水、虹桥揽胜、长堤春柳、荷蒲薰风、四桥烟雨、水云胜概等名扬天下的扬州二十四景。

现在的扬州二十四桥景区是1986年结合地形水况建成的一组古典园林建筑群，布局呈之字形，其中以二十四桥最著名。二十四桥，又名红药桥。这里的二十四桥，并不是指二十四座桥，它是瘦西湖北区的一座玉带状拱桥，这座桥的整体设计与数字24有关，桥长24米，宽2.4米，两端台阶24级，栏杆24根，故名二十四桥。古往今来，吟诵二十四桥的诗句名言不胜枚举，如唐代诗人杜牧的"青山隐隐水迢迢，秋尽江南草未凋。二十四桥明月夜，玉人何处教吹箫。"宋代词人姜夔的"二十四桥仍在，波心荡，冷月无声。念桥边红药，年年知为谁生？"浓厚的人文气息也给二十四桥笼上了一层神秘色彩。二十四桥西侧是熙春台，又称春台祝寿。主楼坐西朝东，上下两层，屋顶以绿色琉璃瓦装饰，与五亭桥的黄瓦朱栋、白塔的玉体金顶，形成了强烈的视觉对比。扬州虽为典型的江南水乡，但瘦西湖园林建筑的风格与江南其他地区的有着明显的不同。譬如苏州园林多为粉墙黛瓦，水幽花明，营造出一派"庭院深深深几许"的氛围。与苏州园林相比，瘦西湖给人的感觉似乎更加明丽、清秀，建筑的色彩冷暖兼具，造型规模也更显气魄。这可能与园林的营建目的有关，当年扬州商人为了取悦皇帝，无不煞费苦心建置亭榭、栽植花木，这就使得瘦西湖在兼有扬州地方特色的同时，还考虑到了对皇家建筑的效仿。因此从外观和气势上来看，其建筑更具表现力，更为张扬。

自然景观园林当然以自然山水为基础，前面已经说过，自然中的万物无所谓孰主孰从，山水花木相互依赖，共枯共荣。瘦西湖的花木，也绝对不只是山水的附属。宋代大画家郭熙说过："山以水为血脉，以草木为毛发"。因此，山得水而显生气，得草木而获得意境上的提升。花木的布置和安排，除了在布局、气氛上要与园林设计协调统一，还讲究用花木传达艺术情境和象征寓意。瘦西湖的花木种类繁多，布局合理。柔媚多姿的柳树如情人的纤纤玉手，轻轻拂面，撩人心弦；粉红娇嫩的桃花如片片飞红，飘过之处余香萦绕；风姿绰约的芍药把生机勃勃的夏日渲染得更为热烈；还有那雍容华贵的牡丹，清雅浪漫的琼花，更有一年四季皆可观赏的扬州盆景。

扬州盆景历史悠久，相传唐代开始流行，元、明时期继续发展，到清代盛极一时。李斗在《扬州画舫录》中记载，乾隆年间扬州盆景主要有两种类型，一种为花树盆景，松、柏、梅、黄杨、虎刺等花树入盆，经过精心修建整理后，形成根枝盘曲之势。另一种是于盆中立石，黄石、宣石、湖石、灵璧石均可，石中蓄水作细流，注入池沼，池中游鱼嬉戏，这种盆景稍大，称为山水盆景。扬州盆景的特点是"严整而富有变化，清秀而不失壮观"，以浓缩的植物、山水再现大自然的勃勃生机和无尽神韵。现在，扬州盆景已驰名中外，每年都有大量盆景远销海内外，并多次在国内、国际的盆景展会上荣获嘉奖。

瘦西湖四周没有高山，只在西北有平山堂和观音山，但也只是略具山势而已。大大小小的园林均沿湖而筑，楼台亭榭最高不过两层，风格以纤丽柔和见长，在水面尺度上具有温馨感。而瘦西湖的水，美就美在一个"瘦"字。按照现在"以瘦为美"的观念，人瘦，则显亭亭玉立，娇媚多姿；水瘦，则轻盈灵动，明净有加。瘦西湖的水少了一些

散漫，多了几分灵气，如果把西湖比作风姿绰约的少妇的话，瘦西湖就像是靓丽娇媚的妙龄少女。

小金山四面临水，南面有一架小虹桥。桥身拱势低平，弧线优美，红色的栏杆分外鲜艳。岛北是玉版桥，与水云胜概相通，汉白玉石砌筑，周身洁白，色彩素洁，曲线优美

瘦西湖小金山的西边，有一条堤伸入湖中，堤的尽头是一座重檐翘角的方亭，青瓦黄墙，名"吹台"，人称钓鱼台

凫庄全景图

五亭桥东侧的湖面上有一座形似野鸭的小岛——凫庄。《望江南百调》中对该岛有过这样的描述："扬州好，人画小金山，亭榭高低风月胜，柳桃杂错水波环，此地即仙寰。"全岛四面环水，水榭亭台依水而建，其间点缀以湖石假山，环岛种植梅、桃、竹。全岛面积不大，岛上构景以玲珑精巧取胜。

建筑环岛而置，均面水，使洲岛的空间感更为敞亮

岛中央种植花木，不致形成满眼苍翠而不见楼台的布局

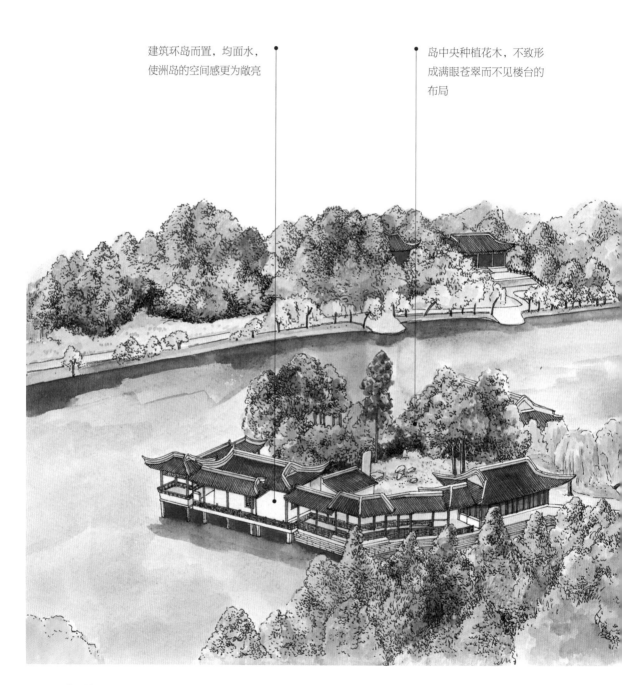

二十四桥景区是瘦西湖开放较早的景区，也是
扬州颇负盛名的风景区

瘦西湖桃花坞

瘦西湖白塔立面图

塔刹 塔刹位于塔的最高处，是塔上最显著的标志。白塔塔刹由六角形宝盖和黄铜葫芦组成。宝盖上悬挂铜铃，每有风过，铜铃便叮当作响，美妙成趣

塔身 光洁巨大的塔身犹如一只倒扣的钵，与玲珑通透的楼阁式塔和密檐式塔相比，覆钵式塔更显稳重，以石为主要材料可使塔身更加坚固、耐久

眼光门 眼光门分为里外三层，最外层为石质，中间层又可分为上下两部分，上部是木棂格，最里层为一圈金色的火焰圈

五亭桥是瘦西湖的标志性建筑

瘦西湖的水面以瘦为美，狭长窈窕的水道长约4.3公里，袅袅婷婷，如娇媚亮丽的少女，清新可人

山西晋祠
历史悠久的祭祀园林

祭祀园林是中国古典园林的一种形式。它们是建筑的一部分，从形式上说是寺观而不是园林。但因古代的寺庙道观多建在风景优美的山郊野外，对环境的绿化比较重视，因此也就使得这类建筑带有了园林性质。至于家庙宗祠建筑的园林化，则与中国古典园林的起源有关。中国古典园林中最古老的建筑——台，就是由古代人们祭祀天地神灵的祭台演变而来的。祭祀活动之后的聚宴是园林出现娱乐功能的源头，历史上以及现存的古典园林中几乎都有类似祭祀性质的建筑。单纯以祭祀为主的园林也不在少数，其中最具代表性的当属位于山西太原西南的晋祠。

晋祠是奉祀西周晋国第一代诸侯唐叔虞的祠堂，初名唐叔虞祠。随着历史的发展，历经数代的改建修葺，面貌不断改观，逐渐成为集儒、道、释于一体的祠庙。晋祠坐落于悬瓮山脚下、晋水源头，得天独厚的地理环境加上形制丰富的人工建筑，使这座祭祀祠庙拥有浓郁的园林色彩。

晋祠园林总体布局分散灵活，与一般祭祀建筑严谨对称的格局有所不同，它结合山水地形，因地制宜构筑厅堂殿阁。

圣母殿是园内的主体建筑，因供奉唐叔虞的母亲而得名。大殿重檐歇山顶，四周围廊。内部结构采用减柱法，殿内无柱，空间更为高敞通透，为放置高大的塑像提供了足够的空间。殿内立有宋代彩塑四十三尊，主像为圣母邑姜，两侧分列宦官、女官及侍女塑像共计四十二尊，多为宋代作品，是中国雕塑史上的杰作。尤其是侍女像，栩栩如生，俏美动人，完全是俊秀俏丽的妇人形象，已经没有多少宗教的作用和意义，而是向世俗化发展。这也是中国的古典园林能和宗教建筑结合起来(或者说中国的宗教建筑带有园林性质)的原因之一。不论是外来的佛教、伊斯兰教还是土生土长的道教，中国的宗教不但没有超越人间，反而逐步向世俗化、人性化发展。中国的宗教建筑不同于柱列森森的埃及神庙，也不同于直指苍穹的中世纪教堂，它不是一个礼拜才去一次的膜拜场所，而是能够经常瞻仰或休憩的消闲场所，重在生活情调的感染熏陶。当这种特性被强调或夸大以后，中国的宗教建筑开始与其他建筑形式相结合，进而出现了寺观园林这一特殊的园林形式。

殿前有方形水池，称为鱼沼。池中立有三十四根八角形小石柱，柱上置斗拱、梁枋承托起十字形的桥面，桥的东西两端连接圣母殿和献殿。桥整体造型如十字飞虹凌驾水上，极为优美，故有飞梁之称。鱼沼飞梁，始建于北魏，在郦道元的《水经注》中已有提到。这种十字形的桥梁在我国古桥梁中仅存一例，是晋祠三宝之一。桥西端与献殿相连，献殿是祭祀圣母邑姜的享堂，献殿前有对越坊和金人台。台前智伯渠横穿会仙桥而过，过会仙桥，水镜台迎面而立，是座坐西朝东的大戏台，正对大门。从圣母殿、鱼沼飞梁、献殿、水镜台到大门，东西向中轴线贯穿园景，是园内的最佳景区和重心所在。

北区几组封闭式的院落分别是旧时文人墨客登高远眺、吟诗作赋的朝阳洞，供奉道教上清、太清、玉清三位道教天尊的三清洞，纪念西周晋侯唐叔虞的唐叔虞祠和祭祀文昌帝君的文昌宫，其间林密花繁，厅堂井然有序。北部景区大园包小园，有闹中取静、景中有景的境界。

南区建筑有胜瀛楼、难老泉亭、晋溪书院、舍利生生塔等。胜瀛楼是一座平面为方形的重檐歇山顶建筑，为晋祠八景之一的"胜瀛四照"。难老泉，俗称南海眼，在晋祠西南部，是晋水的主要源头之一。泉上建八角攒尖顶亭一座，亭名取自《诗经》"永锡难老"之句。难老泉一眼清泉为晋祠带来源源水流，赋予了晋祠更多的灵秀和活力。

晋祠内现存古建筑颇多，其中，圣母殿、献殿都为宋金时建筑，其余近百座建筑，大多建于明代以前。圣母殿内有四十多尊宋代彩塑，圣母殿北侧有一株西周时代种的古老的柏树，二者与难老泉并称晋祠三绝。由于晋祠的营建没有统一的规划，而是经过历朝不断地修建而成，建筑风格差异明显，所以内容也更加显得丰富多样。疏密有致的布局，丰富的历史文化，使得身为祭祀园林的晋祠成为一座著名的历史文物园林。

晋祠圣母殿正立面图

上檐施六铺作斗拱，是宋代"减下屋一铺"的做法

正脊中央设置高大的琉璃彩塑

九脊顶，清代称歇山顶，因为有四条垂脊、四条戗脊，一条正脊，共九条脊，而得名

盘龙柱为宋元祐二年(1087年)雕成，是中国现存最早的木雕盘龙柱

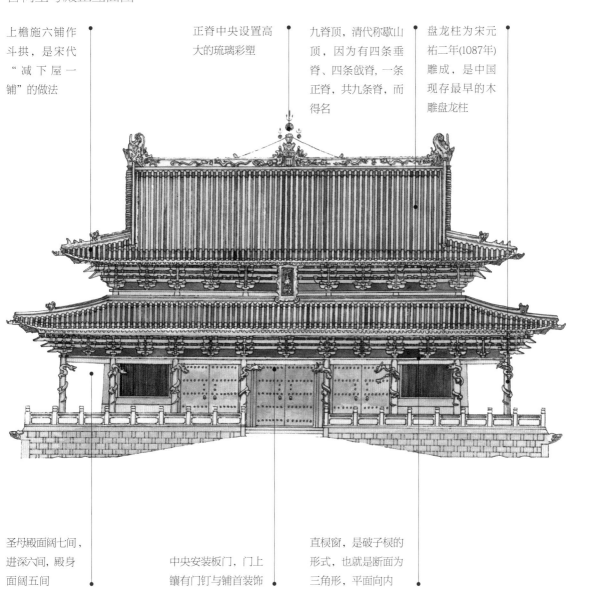

圣母殿面阔七间，进深六间，殿身面阔五间

中央安装板门，门上镶有门钉与铺首装饰

直棂窗，是破子棂的形式，也就是断面为三角形，平面向内

晋祠鸟瞰图

朝阳洞，也称朝阳岩，是旧时文人墨客登高远眺、吟诗作赋之处

鱼沼飞梁

善利泉，俗称北海眼，也是晋水源头之一，其上小亭从样式结构到建筑年代都与难老泉相同

智伯渠，春秋末期晋国世卿智伯瑶攻晋阳时，曾决晋水围灌，后人据此疏浚成渠

胜瀛楼，据说夏至时，胜瀛楼四面都能照到阳光，即为晋祠内八景之一的"胜瀛四照"

水镜台，是座朝东的古戏台对大门

唐叔虞祠，为奉祀西周时的晋侯唐叔虞而建

三清洞，供有上清、太清和玉清三位道教天尊，三清洞上为玉皇阁

文昌宫，传统的清代庙堂式建筑，主祀文昌帝君

舍利生生塔是奉圣寺内的一座七层砖塔。塔内有阶梯可供上下，是观赏整个晋祠景观的绝好位置

卷棚歇山顶，是卷棚顶和歇山顶两种屋顶的组合形式，常用于园林建筑中，其特点是屋面线条柔和优美，既有歇山顶的端庄，又有卷棚顶的柔美

晋祠真趣亭正立面图

真趣亭平面为方形，单檐歇山顶

亭的北南分别有"真趣亭"和"清潭写翠"匾额，东西则有"迓旭"和"挹爽"匾

亭南北柱上分别悬挂有对联一副"此地饶山中兴趣；到处皆水面文章"和"穿花蛱蝶深深见；点水蜻蜓款款飞"

洗耳洞，源自《高士传》中"许由洗耳"的典故，洞下水与难老泉池水相通

不系舟是一座仿船形建筑，建筑的底部为石砌，四周围有汉白玉栏
杆，上面是木结构的卷棚歇山顶小凉亭

圣母殿内正中供奉圣母像，两侧站立40多个待女。这些塑像均为宋代作
品，具有很高的艺术价值

晋祠圣母殿、鱼沼飞梁鸟瞰图

配殿，晋祠内除圣母殿和献殿之外，其他建筑物都是灰瓦顶

圣母殿，因供奉唐叔虞的母亲邑姜而得名

鱼沼飞梁，是圣母殿前水池和桥梁的合称，桥如十字飞虹凌驾于水面，极为优美，是晋祠三大国宝之一

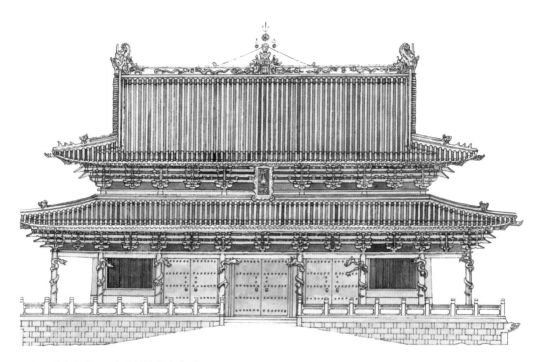

圣母殿是宋代大殿，盘龙锁柱苍劲庄严

献殿，是祭祀圣母邑姜的享堂，其梁架结构奇特、简洁，只在四椽上放一层平梁。献殿也是晋祠三大国宝之一

对越坊，传说为明万历时太原举人高应元为母祈福所建，"对越"出自《诗经》"对越在天"之句，有宣扬报答之意

晋祠圣母殿内宋代彩塑

徽州园林
近水远山皆有情

古徽州是古时对安徽南部歙县、黟县、休宁县、祁门县、绩溪县、婺源县六个县的统称。徽州境内山水资源丰富，享有"天下第一名山"之称的黄山、道教圣地齐云山，这两座山如两道天然屏障环拥而立，新安江，太平湖，碧波细流萦绕其中，山水相依相映的自然风光孕育出了与秀美山水相得益彰的园林意境。

根据园林的营建者和性质的不同，徽州园林大致可分为私家园林和村落公共园林两大类。私家园林多为徽商在自家的住宅旁或后面营建的后花园，是家宅的附园。强大的经济实力和徽商遍游天下名园的经历使此区的私家园林成为徽州园林的精华部分。

檀干园——徽州小西湖

檀干园，坐落于歙县唐模村（今属黄山市徽州区）的东边。园由清初富商徐氏出资而建，据说是徐氏的母亲非常想去西湖游览，但由于交通不便未达成心愿，徐氏于是就在村里购地建园，以杭州西湖为摹本，掘池筑坝，修建阁楼亭榭，园内有桃花林、玉带桥、三潭印月、湖心亭、白堤、环中亭等景观，多仿自西湖，因此有"小西湖"之称。

清末徽州翰林许承尧曾为檀干园写了一副对联："喜桃露春浓，荷云夏净，桂风秋馥，梅雪冬妍，地僻历俱忘，四序且凭花事告；看紫霞西耸，飞布东横，天马南驰，灵金北绮，山深人不觉，全村同在画中居"。言语简洁，形象地描绘出檀干园春夏秋冬四季美妙迷人的景致。园林建在村落入口的位置，以村中的檀干溪为边界，溪对岸种植高大的树木，加强园内幽深的意境。

镜亭是全园的中心景点，四面环水，前出抱厦，两侧接廊，造型别致生动，亭内墙壁上有苏轼、黄庭坚、米芾、蔡襄、赵孟頫、董其昌、文徵明、祝枝山、朱耷等书法名家的书法碑刻十八块，正书、草书、隶书、篆书，神形兼备，再加上精湛细致的刻工，称得上为书碑精品。

亭东为内湖，湖的北岸模拟西湖的白堤，堤上桃红柳绿，堤东碑石刻"桃花林"字样，为许承尧所书写。陶渊明《桃花源记》中有："缘溪行，忘路之远近。忽逢桃花林……芳草鲜美，落英缤纷。"许承尧在此处留下"桃花林"三字，喻意这里与陶渊明的桃花林有着相似的意境。湖中筑有两座小岛，一为三潭印月，另一个为湖心岛，岛与堤之间有断桥，模拟西湖"断桥残雪"之景。从堤桥返回，可见一方形水榭，面阔三间歇山顶，于榭中可观湖中全景。水榭的一侧与龙墙相接，墙前种植芭蕉，每有细雨飘落，在水榭中可享"雨打芭蕉"之妙境。墙上不开漏窗，为实墙，一端与园门相接。

檀干园依山傍水，风光旖旎，园林处于村口的位置，进村先游园，使檀干园成为徽州地区的名胜之一。流经唐模村的檀干溪在村口成为水口，因此檀干园又被称为水口园林。水口园林是徽州地区特有的一种园林形式，实际上它属于村落公共园林的一部分。水口，即水源的出口。水口一词，源于风水术书，清代的风水术著作中提到，水是财富的象征，水来之处为天门，水源滚滚而来，天门才会开，只要天门开，财则可来。中国古村落的选址往往重视风水。元代以后，全国风水文化的中心由江西的赣州转移到了安徽徽州地区，"风水之说，徽人尤重之"。明清两代，很多有名的堪舆家都出自徽州。直到现在，仍有"扬州风景，徽州风水"之说。而从生态环境和村落绿化方面来讲，丰富的水资源势必能提高村落的整体绿化效果。徽州地区很多村落都围绕村落的水口修建亭、阁、桥廊等园林小品建筑，增植花木，从而使水口成为带有园林性质的公共活动空间。

宏村——天然画本

宏村已有800多年的历史，地处黟县黄山西南麓，桃花源盆地的北缘，四周被群峰所抱，大大小小、形态各异的湖池散列其间。古朴简约的民居建筑面面相向，背背相承，巷道纵横，古楼、古桥、古亭等公共建筑更是以清古悠远的建筑风格，营造出一片古色古香的村落氛围。宏村又被称为"牛形村"，以雷岗山为牛头，楼房为牛身，荷塘为牛肚，古树为牛角，过去村中的四座木桥为牛腿，仿佛整座村庄是一只静卧于青山绿水中的耕牛。

宏村是一个完整的园林体系，旧时有宏村八景：西溪雪霁、石濑夕阳、月沼风荷、雷岗秋月、南湖春晓、东山松涛、黄堆秋色、梓路钟声。

村落的中央是一泓半月形的池塘，状如新月，村人称它为月沼。村中的民居、祠堂、园林均围绕月沼鳞次栉比，形成一副独特的江南园林景观。

这座大园林中还包含着许多小的私家园林，碧园、松鹤堂、承志堂、敬修堂、德义堂、居善堂，形态各异，气质独特。

安徽歙县北岸村风光如画，正如元代马致远诗中描绘的那样，小桥、流水、人家

安徽歙县唐模村村落风光

安徽黄山唐模村檀干园入口

檀干园属于村落园林，村落中的青山绿水都是很好的公共资源，与江南私家园林相比，园林资源更为淳朴自然，风格清雅。

墙内植物高大茂盛，与园
外青山绿树相呼应，正所
谓"墙内开花墙外香"

园林入口建筑立
面形式丰富

檀干园镜亭及水榭

屋顶正脊是当地常见的鳌鱼装饰，很有特色

镜亭是全园的中心建筑，在这里可观赏池岸景色，设美人靠供游人休息观景

李清照笔下的"花自飘零水自流"是歙县唐模村村溪景观的生动写照

蓝天绿水映人家

杜甫草堂

少陵雅健，浣花溪旁

草堂是隋唐时期私家园林的一种。草堂与当时的山庄别业、城市山林最大的区别在于，前者规模小，建筑朴素简洁。另外，草堂的经营者多为才华横溢、仕途没落的大诗人，如白居易、杜甫等都经营有自己的庐舍。

杜甫草堂的前身是浣花溪草堂，为唐代大诗人杜甫的私宅。唐上元年间，杜甫为避安史之乱，流落到成都浣花溪畔，见周围景致怡然，于是搭建茅屋，结庐为舍。杜甫在《寄题江外草堂》中写道："诛茅初一亩，广地方连延。经营上元始，断手宝应年……台亭随高下，敞豁当清川。虽有会心侣，数能同钓船。"诗中记述了草堂兴建的过程，初建时的面貌，园占地面积一亩（约合现在600多平方米），结合地形地势，营造出清旷、自然的园林风貌，奠定了今日杜甫草堂的风格。

现草堂已经为占地面积30多公顷的富有特色的园林。草堂内有影壁、正门、诗史堂、水槛、花径、柴门、工部祠、少陵草堂碑亭、恰受航轩、曲桥、一览亭、梅园、水榭等景点，建筑多为草顶，形式简单，装饰朴素，突出主题"草堂"，是一座以理水取胜的特色园林。

草堂的水池在园林西部，沿池修竹扶疏，池中花红叶碧，自有"笼竹和烟滴露梢""雨裹红蕖冉冉香"的意境。池西有观赏梅花的"梅园"，远处又有楠木林一片，整个水面被绿色植物所包围，形成深邃、安谧的园林景观。

杜甫草堂极具野趣，园内厅堂建筑朴素无华、清雅有致，亭榭幽静、简洁有序，再加上园内成丛成片的竹、楠、梅、李、桂、海棠等花木的修饰点缀，更强调了园林素雅质朴的格调。

杜甫草堂内的杜甫像，为纪念诗圣杜甫而造。安史之乱后，杜甫弃官迁往秦州，后又移家成都在浣花溪旁构筑草堂，时称浣花溪草堂，即今日杜甫草堂

草堂清雅风格的形成与朴素简洁的建筑分不开关系，同时也得益于园中繁盛的植物和清幽的池水，植物的绿意和池水的柔媚把建筑硬朗、直板的轮廓线条融解得生动而自然，图中一览亭飞动的檐角掩映在绿树中，与右图相比要柔和得多

少陵草堂碑亭在工部祠东面。亭平面为六角形，屋顶向上高高收起，上面覆盖厚厚的茅草，如乡间田野中的茅草小舍，亭内置少陵草堂石碑

杜甫草堂一览亭在园林西部，与池北岸的水榭相呼应，亭为砖制，高耸挺拔为楼阁式。层层起翘的檐角组合出和谐的韵律，使修长的亭体更加灵动，与园内大多数圆顶的草亭风格不同

草堂内有很多图中这样的小草亭，它是草堂风格的一种标示。草亭多建于茂密的树丛中，从登高远眺的角度来讲，并不合适，但作为游人休息、纳凉和放松身心的场所却是个好去处

意凝神聚——

园林建筑

黑格尔曾说：希腊建筑艺术的特征，在于既有彻底的符合目的性，而又有艺术的完美。中国古典建筑也是如此，中国古典园林建筑更是如此。园林建筑的造型美、形式美、色彩美融汇于山明秀水之中，提升了园林艺术的综合美感。

建筑在园林中的布局

巧借因势，各得其所

园林建筑的空间布局就是建筑在园林中的位置。建筑位置由建筑的性质、造型、作用等诸多因素决定，最主要的是要考虑园林造景的需要。

通常来说，体量较大、规格较高的厅、堂、轩、馆等建筑建在地势开阔平坦的地带，主要是为了突出建筑的主体形象，多取坐北朝南的位置，周围布置山水、花木，尽量做到可多方位、多角度观景。有时厅堂两侧接廊，与亭榭等观景建筑相连。皇家园林中的殿堂则集中布置，成为与苑景区相对的宫殿区，作为皇帝处理朝政、接见大臣的办公场所以及日常休息、读书的生活居住场所，常位于园林进门一眼就能看到的地方。

与厅堂相比，一些体型小巧的建筑在布局上则灵活自由得多。园林中最常见的亭子，既可建在山顶以崇其高，如苏州沧浪亭；又可建在水池岸边，如网师园月到风来亭、留园濠濮亭，凌波而建，具有水榭的作用；也可建在四周无碍的开阔平地上，如御花园万春亭和千秋亭；还可建在松柏苍翠的高山深林处，如避暑山庄南山积雪、北枕双峰等，是莽莽林海的点睛之笔。此外，还有倚墙而建的半亭，常见于苏州面积狭小的私园中，可以节省空间。

园林中的建筑布局不仅要考虑单体建筑如何安排布置，还应注意建筑之间的组合和搭配方式。这就要考虑到建筑之间的色彩、造型、尺度、立面形式等方面的相似和不同之处。如果想取得协调统一的效果，则应把建筑之间的相似点强调出来，使之成为建筑组群的一个共性。但有时需要运用对比、衬托来强调不同建筑的个性，如用以小衬大、以黑衬白、以横衬纵等手法来达到理想的效果。留园的明瑟楼与涵碧山房就是一个很好的例子，一个横向一个纵向，一个稳重一个灵动，二者在对比中彰显个性。

说到建筑组合，就不能不提园林中各式各样的游廊。除去廊本身连接景物、沟通园景的作用，它应该是最方便与其他建筑组合且完美起到陪衬作用的建筑。廊的任何部位都可加设厅、堂、轩、馆、亭、榭，园林景观无不因廊的连接而气脉相通。

园林中建筑的布局无绝对规律可循，皇家园林与私家园林不同，南方园林和北方园林不同，同一地域的园林，大园和小园又不同。但在千变万化的布局方式中总也逃脱不了建筑本身的特性以及园林造景的需要，因此不同的布局方式又呈现出某些共同的特性。

廊的形式简洁，布局也灵活多变，图为苏州怡园的平地廊

园林中桥与水面的结合最为密切

横跨水面的长廊也称浮廊

园林中，建筑的布局对园林景观非常重要。布局恰当合理，能弥补园林地势地形
的不足；反之，则会暴露缺陷，甚至成为园林中的败笔

建筑布局要考虑的因素有很多，不同建筑之间的对比是其中一个重要因素。对比包括色彩的对比、质感的对比、结构的对比、立面形式的对比等。图中纵向的牌楼和横向的长桥形成方向上的对比

楼阁体量较大，适用于地势较为开阔的地段

园林建筑的种类

游玩居行，无所不容

园林是一种集游赏、居住、休息、游乐等多重功能于一体的综合性场所，因此园林建筑也因不同的功能而呈现出丰富多样的形式。建筑在园林中的实际功能大致可分为以下四类。

厅堂轩馆——实用性建筑厅、堂

厅堂是园林最主要的建筑，规模较大，规格较高，是园主人进行会客、礼仪、治事的主要场所。因此厅堂建筑常成为园中的主体建筑。

北方皇家园林多由宫廷区和苑景区两部分组成。宫廷区是皇帝处理政务、接见朝臣使节、生活居住的场所。这一部分严格按照宫殿中"前朝后寝"的格局布置。皇家园林中，最高等级的建筑为殿，主殿居中，配殿分列两侧，宾主分明，布局严谨对称，体现了皇家建筑的气势。

皇家园林中的堂是稍次于殿的建筑，多为帝后起居、休息读书、游赏的建筑。如颐和园中的玉澜堂、乐寿堂，避暑山庄的莹心堂，都为此类性质的建筑，其布局采用厅堂居中、两侧配以厢房及其他辅助设施的形式，形成相对封闭独立的院落。

江南私家园林中的厅堂形制与南方传统的厅堂建筑相似，前带廊或抱厦，门窗用通风采光性能良好的格扇或落地长窗。内部空间高且深，以灵活的隔断或落地罩划分室内空间。

园林中厅的种类有很多，如四面厅、鸳鸯厅、荷花厅、花篮厅等。四面厅是园林常见的建筑形式，面阔三间或五间，四周带廊，四面安长窗或隔扇，空间处理开敞通透，用于观景。苏州拙政园远香堂居于中部水池的南岸，建筑采用四面厅的形式，建筑四面都有景点与之形成对景。正北与池中假山上的雪香云蔚亭、待霜亭隔水相望；西北和荷风四面亭、见山楼构成斜穿池面的水上景观；东北有梧竹幽居；东面是海棠春坞、绣绮亭等庭院组合；东南又与玲珑馆、听雨轩遥相呼应；南面正对枇杷园；西南面透过层层花木，可见小飞虹俏丽的身姿。厅堂四面各自成景，层层叠叠，如展开的山水画卷。扬州个园的桂花厅也属于这种建筑形式。

鸳鸯厅外檐装修与一般厅堂并无差别，而在内部空间处理上较为特殊。其特点是：脊柱落地，柱间安装格扇、落地罩将厅分成前后两个空间。两个空间的顶部一面采用卷棚顶，一面做成平顶或彻上明造，让人首先从视觉上感受到变化。有时地面铺砌也用两种做法，以示有别。如留园的林泉耆硕之馆，坐北朝南，间以屏门和落地罩把大厅分成南北两厅。拙政园的卅六鸳鸯馆、怡园的藕香榭等都是典型的鸳鸯厅。鸳鸯厅是江南园林中一种常见的形式，而在皇家园林中却极少见到，这也是有一定原因的。园林中一般会有体量较大的建筑用以烘托气势，皇家园林自有规整宏大的宫殿建筑群来体现皇家的威严壮观。私家园林也常用面阔较大、造型典雅的厅堂来增加园林庄重的氛围。但私家园林本身就是私人宅邸的一部分，园林建筑的居住、使用功能已经有所减弱。所以对于一些体量较大、外观雄伟的建筑来说，有必要对开敞通透的内部空间进行纵向的划分，于是就有了鸳鸯厅的形式。

荷花厅多为面阔三间、临水而建的小厅堂，临水一面出平台，因水中多植莲荷，而得名荷花厅。花篮厅简称花厅，通常用于生活起居或接待宾客。

颐和园排云殿是佛香阁下的一组合院建筑，装
饰装修极尽华丽，尽显皇家气派

扬州汪氏小苑局部庭院剖面图

为了增加空间的层次感，园主人故意用花墙分隔空间，形成透景隔
景的意境。西北角和东北角的花园便是用一道粉墙分隔开的。

丰富的层次 两
层墙体，一层高
过一层，丰富了
空间层次

门匾 门上方刻
篆体"迎曦"，
院中洞门都有
门匾

对称的立面 私家园
林占地面积有限，大
多追求在不大的空间
里设置更多的要素。
但这园门仍然追求对
称的形式，其目的在
于与规整的民居形成
意韵上的呼应

漏窗 在园林的墙面上可
以设置漏窗。漏窗的图案
形式多种多样，有万字、
回纹、冰纹等。汪氏小苑
内最常见的为用简单的几
何图案雕刻的漏窗，形成
既规则又凌乱的图案形式

洞门 透过圆形洞门可以
看到另一侧小花园中景
致，构成园林中的对景

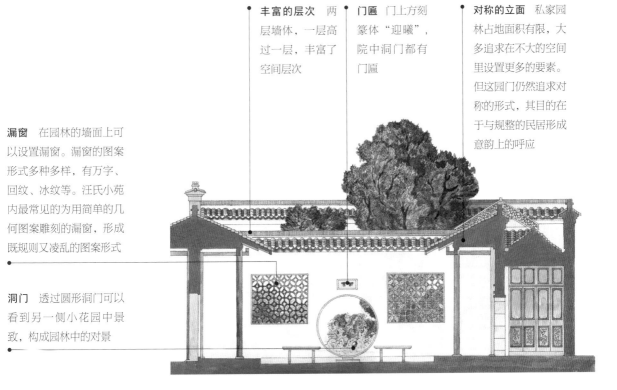

拙政园远香堂剖面图

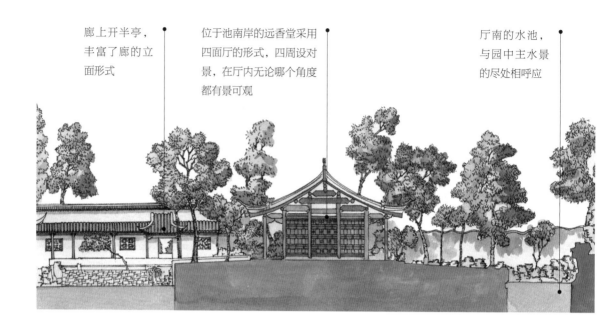

廊上开半亭，
丰富了廊的立
面形式

位于池南岸的远香堂采用
四面厅的形式，四周设对
景，在厅内无论哪个角度
都有景可观

厅南的水池，
与园中主水景
的尽处相呼应

何园的蝴蝶厅位于园内西北角，上
下两层，上层为汇胜楼，下层为蝴
蝶厅，面临湖水，有君临湖山之势

拙政园的卅六鸳鸯馆也是典型的鸳鸯厅，北部为卅六鸳鸯馆，南部为十八曼陀罗馆，实际上是一座建筑，只是对内部空间作了分隔

殿堂的使用功能决定了其形制以及室内的装饰风格，颐和园内的排云殿作为皇家礼仪之地，室内装饰尽显皇家气派

临水而建的厅堂因水面的衬托而显得更为开敞

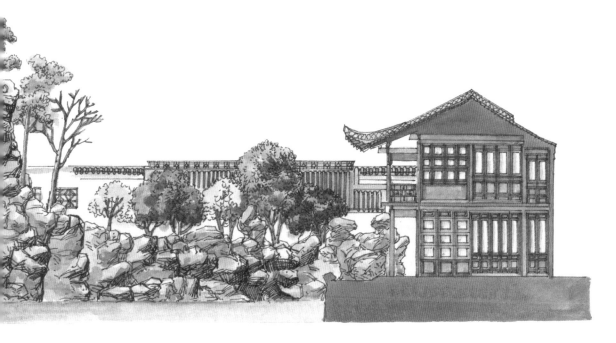

馆

在人们传统的概念中，馆总是与饮食起居有关，茶馆、饭馆、会馆等。《说文解字》中把它定义为客舍，作为接待宾客、供客人临时居住的场所。园林中被称为"馆"的建筑有很多，其用途没有明确的规定，观景、起居、宴乐、休憩等都可以。如颐和园听鹂馆，是一个小戏楼及其附属建筑，供皇家人员看戏娱乐；宜芸馆为光绪帝的皇后的住所；圆明园有杏花春馆，是春季观赏杏花的地方。由此可见馆在皇家园林中只是一群小型建筑的统称，没有定制可循。

江南园林中，馆一般为休憩会客的场所，建筑尺度不大，但多为组群建筑，馆前有宽大的庭院。如拙政园玲珑馆，为园主读书休闲之处，馆前院中置剔透多空的太湖石，馆侧栽植凤尾细竹，院中的竹石小景与馆的功能性质十分贴合。另外园中还有赏荷的卅六鸳鸯馆和茶室秫香馆。留园的清风池馆是一座临水开敞的观景建筑，五峰仙馆为园内最大的厅堂建筑。

轩

计成在《园冶》中说："轩式类车，取轩轩欲举之意，宜置高敞，以助胜则称。"由此可以看出轩的两个特点：一是形似古代马车带有高敞的顶棚，二是轩多建在高地。园林中的轩有两种形式，一种是单体的小建筑，另外一种是小庭院，形成独具特色的园林小环境。

留园的闻木樨香轩就是一个典型的单体式建筑，坐落在水池西部假山上，是留园中部的最高点。建筑为方形平面，三面敞开，一面贴墙，屋角起翘，有居高临下之势。山上植有许多桂树，花开时节落英缤纷，花香四溢，故名"闻木樨香轩"。轩地处高敞，视野开阔，是园内主要观景点之一。沧浪亭的面水轩、网师园的竹外一枝轩等都是临水轩，临水一面设美人靠或护栏，方便游人观水。这种临水轩与榭作用相同，但轩只是临水或近水，建筑底部不伸入水中。

楼阁榭舫——观赏性建筑

"楼"在《说文解字》中的解释为"重屋"，也就是纵向叠加的房屋，在中国古代属于多层建筑。阁是我国传统楼房的一种，郑玄的《礼记》注疏中云："阁，以板为之，皮食物也。"可见阁最初为上部储藏食物、下部架空的高层建筑，后来阁的作用不止储藏食物，还兼收藏图书、器物等。汉代有天禄阁、麒麟阁，均用于藏书。到了清代，分布于大江南北的七大藏书阁名闻天下，阁的藏书功能已被广泛认知。楼与阁在形制上并没有明显的区分，人们也时常将"楼阁"二字连用，慢慢地二者逐渐合二为一。

园林中的楼阁多建在山麓水际，以壮其观。计成在《园冶》中云："楼阁之基，依次序定在厅堂之后，何不立半山半水之间，有二层三层之说，下望上是楼，山半拟为平屋，更上一层，可穷千里目也。"

这里很明确地点出了园林中楼阁的位置、大体形制以及建造目的。根据楼阁的位置，可大体将其分为山地楼阁和临水楼阁两种。

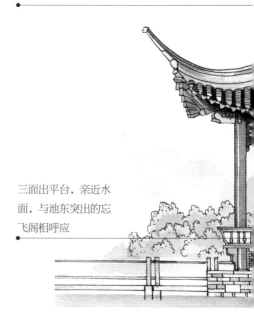

二层全为格扇门窗，窗的样式富有变化

三面出平台，亲近水面，与池东突出的忘飞阁相呼应

临水轩的作用与榭相同，形制上又接近亭

南京煦园夕佳楼北立面

一层墙上开有漏窗，窗的面积占据了很大的墙面，使底层空间更为通透

楼内不设楼梯，室外有天桥通往楼内，非常别致新颖

楼西马头墙下构筑半亭，为乾隆皇帝御碑亭

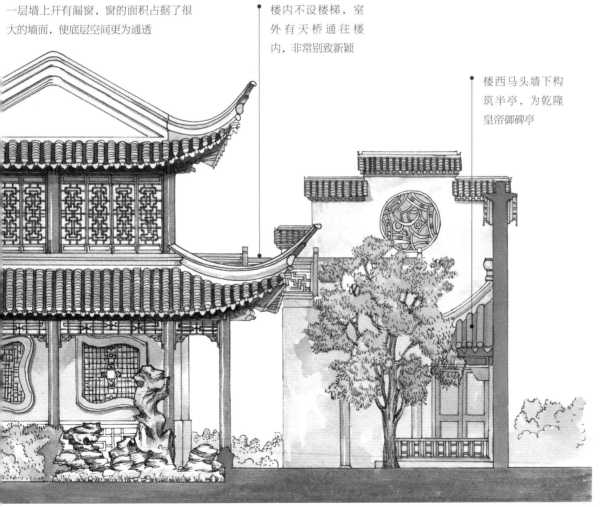

山地楼阁

楼阁建于山脚、山麓、山腰或山顶，主要是为了借助山势地形，构筑景观的重心，强调天际线的变化。

颐和园佛香阁建在20米高的石台基上，三层四重檐，高约40米，是统领全园景观的重心。前与排云殿建筑构成万寿山前山的中轴线；既是前山景观的高潮部分，又是后山须弥灵境组群的衬景；与玉泉山玉峰塔和其他城市景观遥相呼应，把园林景观延伸到了园外，极大地丰富了园景层次，扩大了游人的视野。另有避暑山庄小金山上帝阁，建于小金山之巅，在一个平和宁静的大背景下，调动起湖泊区的景观节奏。

阁的形制体量根据山形山势而定。一般来讲，山体高大、山顶面积开阔的山，适宜建阁。雍容大度的阁更能体现山势的雄伟壮观。反之，山体体量较小、峰峦陡峭的山上如果建筑体量庞大的阁，往往会出现头重脚轻的不协调感。这种情况山顶更适合建塔，以其竖向造型增加山体景观的气势。还有一种情况，与山地的植被有关。山高林密者不宜建阁，宜建塔；草本植物覆盖山面者宜建阁。

秦汉时期，帝王受封建神仙思想影响，相信长生不老。更有甚者，认为仙人多居住在高处，如果把帝王的宫殿楼阁建得高高的，就能遇到仙人。因此，中国早期苑囿建筑多为重楼高阁，建筑气势宏大、规模巨大，有"仙山楼阁"的迹象。秦汉时期建高阁以遇仙的意图大概就是山地建阁的思想根源。

临水楼阁

临水建造楼阁，要与水面取得协调统一的效果，建筑造型多开敞明朗，以便统摄水景。

留园明瑟楼位于中部水池南岸，正对山池主景。因池面不大，楼的面阔仅一个半开间，造型却十分优美，低檐平缓，高檐上翘，犹如飞鸟的两翼，作欲飞之势。楼与西面的涵碧山房相连，成为一个整体，背靠高墙，前临碧水，白色的石座、灰

多层的楼阁使建筑看起来气势凛然，高不可攀

寄畅园的镜池楼并不高，只有两层，楼四面皆设格扇门窗，显得楼体轻盈灵动

色的瓦顶配以栗色门窗，集庄重灵秀于一身，静默飞扬于一体，取得了很好的艺术效果。与留园明瑟楼有着异曲同工之妙的还有网师园濯缨水阁，临水而建，基部全用石梁柱架空，如浮在水面一般。私家园林毕竟空间有限，还没有足够的资源和资本营造烟波浩渺、无边无际的园林水景，所以意在创造"疏影斜横水清浅，暗香浮动月黄昏"的景境。"秋水共长天一色"的壮观景象，恐怕只能在气势宏大的皇家园林中才能领略到。承德避暑山庄的烟雨楼就是一个很好的例子。烟雨楼立于青莲岛上，登楼可四望湖景，一碧万顷。特别是山雨湖烟之迹，水天一色，景物迷蒙，如名家笔下的烟雨图卷。

榭

基座一半在地面上，一半架空的建筑叫作榭。若一半在水面上，则称为水榭。榭，原指一种建在高台上的，只有楹柱没有墙壁，四面通透的木构建筑，古人云："土高曰台，有木曰榭"，可以印证这一点。园林中的榭多为水榭。《园冶》中有"花间隐榭"的说法，可见古代的榭多建于花树间，专用于赏景，或观水中游鱼莲荷，或赏争奇斗艳的花枝。一般在榭靠水的一边设矮栏杆或美人靠，供人观水，其门窗形式以通透宽敞为准则，或做成可以拆装的落地罩，冬季装上，夏季拆下。

南方私家园林中的水榭最能代表榭轻盈柔媚的特点。由于园内没有大片的水面，所以榭的尺度也较小，部分突出水面或全部跨入水中，形体与水面环境和谐。体形稍大的多做卷棚歇山顶，临水一面开敞加设栏杆或美人靠，以便游人观景休憩。下部以石梁柱结构支承，或用湖石砌筑。体形小的水榭用攒尖顶，檐角飞扬，体态灵动有致。

舫

舫是一种类似舟楫的建筑，又称旱船，多建于水中，供人游玩宴饮或赏景，建在平地上的则称为船厅。

舫与桥一样都是园林中用以点缀水景的建筑。园林中的舫，没入水中的部分多为石造，因此又称石舫。颐和园清晏舫是现存园林中最大的石舫，江南园林中也多有石舫造景。

瘦西湖河畔的望春楼，高峻不够，典雅有加，有着宜人的尺度和造型

拙政园香洲鸟瞰图

苏州拙政园的香洲在中国古典园林建筑设计中独树一帜。整体上，建筑为"舫"的模式，但是却集亭、台、楼、阁、榭五种建筑形式的特点于一身。船头是石质的荷花台，前舱是飞檐翘角的四方亭，中舱为水榭的模式，船尾为一座阁。建筑造型极富变化，起伏柔和，通体气质高雅洒脱，水中倒影更显雅洁纤丽。

可园邀山阁鸟瞰图

楼阁除了靠山临水，也有单独出现的时候，广东东莞可园的邀山阁是一座极具岭南风格的高楼阁式园林建筑，高约17.5米，共四层。邀山阁的底层旁边有双清室，因此邀山阁虽然高，但和园林中的其他建筑十分协调。这里从五个不同的角度来看邀山阁的设计，附带楼体侧面的曲廊和平台，能更全面地了解邀山阁的造型设计。可园是当年园主人休闲娱乐赏风景的地方，在此登高望远，远景近影可尽收眼底。

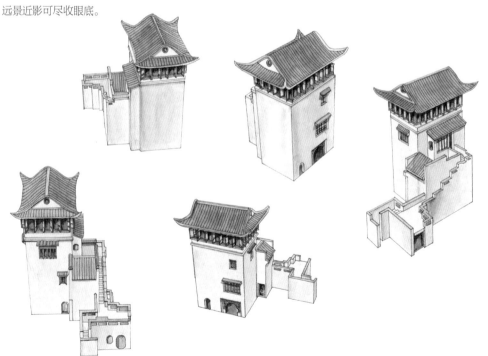

园林中舫的形制灵活多变，有很多都是船的变形，图中
这座舫就酷似一只带有船篷的画舫

拙政园芙蓉榭因池中植满荷花而得名

飞翘的檐角向来是加强楼阁轻灵之势的关键

拙政园香洲是倚玉轩对面的一座旱船

桥廊——连接景点、贯穿交通的建筑

桥

中国古典园林以自然山水为蓝本，水景是园林中的重要景观。与水面结合得最紧密的建筑，非桥莫属。桥是架空的道路，它的诞生就是为了解决跨水或跨谷的交通问题。

园林中常用桥来划分水面，以丰富水面景观层次。如避暑山庄湖泊区，用洲岛和堤把湖泊区分成大小不同的多个湖面，又以桥将各处连接起来。无锡寄畅园锦汇漪水面开阔，平面近似长方形，位于园的东部，规划设计上以聚为主，聚中有分，水池北部，七星桥对水面做了适当划分。

园林中的桥多跨水而建，连接河岸交通，增加水面景观。建在水面上，只是确定了桥的大体位置，至于把桥建在河中央还是河源头，或是其他地方，则要结合周围环境进行设计，考虑园林组景的需要。如颐和园昆明湖上的十七孔桥，东连廓如亭，西接南湖岛，形成亭、桥、岛相连的水面景致，作为万寿山佛香阁的对景。拙政园东部在突出的亭与转角处设一曲桥，连通了两岸的景观。三潭印月岛南北均用曲桥相连，是桥与堤的结合，桥上建亭，丰富了桥上景观。

园林中比较常见的桥有拱桥、平桥、廊桥、亭桥等形式。

（1）拱桥　拱桥即桥身做成拱状的桥梁，拱桥有单拱、双拱和多拱之分。这种桥因有着良好的承重结构和优美的弧形而成为园林中经常采用的桥形。拱桥是园林中形式最优美的桥，圆润平滑的曲线配以洁白如玉的桥身，与碧波荡漾的湖水共同勾勒出玉虹卧波的美丽画面。单拱桥一般体量较小，显得轻盈灵动。颐和园西堤上的玉带桥就是一座单拱桥，桥体用汉白玉和青白石砌成，清隽洁白，桥身高瘦，高大的桥洞下可通行船只，桥面曲线流畅。小桥倒映水中，随波荡漾，恰似玉带飘摇，因此得名玉带桥。

水面跨度较大时，则会采用多拱桥。说到多拱桥，人们很自然地就会联想到颐和园的十七孔桥。此桥全长150米，宽6.56米，由大小17个桥洞组成，桥洞的跨度由中间向两边递减，对称排列，整齐且富有层次。因桥的跨度过大，桥体曲线比单拱桥柔和许多，给人一种循序渐进、自然舒缓的感觉。

拱桥是园林各类桥中坡度最大的桥，为了保证行人的安全，通常会在桥体的两边加设栏杆。

（2）平桥　简单来说平桥就是桥面与水面平行的桥。根据桥的形状又有直桥和曲桥之分。直桥形式简洁、结构简单，一般跨度较小、桥身较低，人行桥上可俯身戏水，在尺度上与水面较为亲切。

曲桥的"曲"是相对于直桥而言，曲桥又称折桥，是园林中特有的形式。把桥做成折线的形式，拉长了桥的总体长度，使游人可以有更多的时间和空间观赏景物，达到延长风景线、扩大景观画面的效果。桥的波折变化因水面环境而异，少则一折，多则九折，来回摆动，左拐右折，蜿蜒于水面上，点缀着园林风景。这种多折的曲桥，在江南园林，尤其是苏州园林中使用得最多。苏州园林向来以幽深、曲折、多变著称，园林建筑也以多曲玲珑渲染出这一风貌。在庭院不大的水面上设置或长或短，或有栏或无栏，或木或石的多曲小桥，桥身多低近水面，人行其上如同在水上漫步。游人还可随着桥体的转折而变换不同的角度和方向欣赏园景。

园林还有一种曲桥，不做折角，而是自然弯曲，效果同样可爱。如山东潍坊十笏园内连接四照亭的一段曲桥，从池岸伸出，通向四照亭的西南部，桥弯成弧形，下有半圆的桥洞与桥身相映，柔和的曲桥又与方正的四照亭形成强烈反差。

（3）廊桥　廊桥是廊和桥结合产生的一种桥的形式。一些地处偏远的山区往往会在桥上加廊建屋，甚至在其中摆铺设店，不仅可以供行人休憩，还可以解决长途跋涉者的饥渴之需。园林中这种桥并不多，苏州拙政园的小飞虹廊桥是难得一见的实例。小飞虹位于园中部水池南侧，北接倚玉轩，南接得真亭，斜跨水面。桥以白色条石为桥面，两边辅以木质护栏，其中有立柱撑起上面的灰瓦廊檐，造型简洁。站在廊桥北部南望，小飞虹与周围的亭、轩、绿树相映相称，景致倒映水中，远近虚实相接相连，景物变得更加精彩和富有层次。在多雨的南方，桥上加廊还能起到避免桥面被腐蚀的作用。

避暑山庄**蘋香沜**的木质小拱桥有平桥的硬朗线条，也有拱桥的弯度，造型优美

石质桥梁的优势在于可以在栏板及柱头上雕刻精美的图案，使桥体更具观赏性

寄畅园的七星桥平直、狭长，是分隔锦汇漪的水上建筑

起拱较小的拱桥，桥身线条柔和流畅

用湖石架设的小桥，别有情趣

藕园的宛虹桥只有三折，却为游人提供了多角度观景的条件

廊

廊是园林中用于沟通连接景点的建筑，是风景的线索，又可以划分空间，增加风景深度。它的布置往往随形而弯，依势而曲，蜿蜒逶迤，富于变化。按形式分，廊有直廊、曲廊、复廊等类型；按位置分，廊有回廊、水廊、爬山廊等类型。

廊的造型以轻巧精致为佳，忌开间过大或太高。通常净宽是1.2～1.5米，柱的间距是3米左右，柱子的直径约15厘米，柱子的平均高度为2.5米。它的立面以开敞式结构居多，也有在墙上设漏窗或空窗的情况。廊柱之间，有的在上部覆以砖板，有的在下部用水磨砖做成空格，有的砌以矮墙，可供游人休息。沿墙的走廊屋顶采用单坡式，厅堂与其周围的回廊屋顶连为一体，加大了建筑的内部空间，使主体建筑更有气势。

园林中的建筑多为观赏性建筑，同时也是让游人免受日晒雨淋之苦的空间。作为能连接各个单体建筑的联系物，廊的应用遍及宫殿、庙宇、住宅。廊在园林中既是联系建筑的脉络，又是风景的导游线路，还可以划分空间，增加风景深度。空廊是两侧都开敞的廊，人行其间可以观赏到廊两侧的景色，这种廊的屋顶是双面坡形。

复廊又称内外廊，就是在回廊中间夹一道墙，起到连接沟通和道路分流的作用。墙上开漏窗，用以两侧沟通，每开间都设有一个窗洞，形式不一，有折扇形、梅花形、海棠形、花瓶形等。透过这些精致小巧的窗洞，可以很方便地欣赏到回廊两侧的景物。扬州何园的复道回廊贯穿全园，既连通了园内上下交通，又丰富了园景层次。

水廊是横跨水面上的廊，它能使水面空间半通半隔，增加水源的景深效果和水面的开阔度。

廊形制简单，适合任何地形

复廊除了连接景点外，还有界定空间的作用

爬山廊是建于地势起伏的山坡上的廊。它可以把山坡上下的建筑联系起来，而且廊的造型高低起伏，可以起到丰富园林景观的作用。按廊的屋顶与基座形式，可分为斜坡式爬山廊和阶梯式爬山廊。前者位于山的斜坡，沿斜坡建造，各间的木构件与斜坡地面完全平行。阶梯式爬山廊又可称为跌落廊。如北海濠濮间组群建筑中，爬山廊从池中的水榭一直延伸到山顶。

曲廊逶迤曲折，一部分依墙而建，其他部分则转折向外。这就使廊与墙之间构成若干不同形状的小院，院中栽花布石，为园林添加无数小景。

双层廊是指上下两层都是廊道的建筑。它可使人们在上下两层不同高度的廊中观赏景色，使同一景色由于观赏视角的不同而呈现出两种不同的观赏效果。

廊的导向作用在园林中同样很突出

山地建园，需要爬山廊沟通连接各个单体建筑，北海濠濮间就是一个成功的实例

逶迤曲折、随形就势是长廊的主要特点

亭——观景建筑

《园冶》中说："亭者，停也。人所停集也。"由此可见，亭在园林中是供游人休息观景的建筑。亭是园林中最常见的建筑形式。它体量较小，构造简单，一般四面开敞，或有墙无门。清人许承祖在《泳曲院风荷》一诗中说"绿盖红妆锦绣乡，虚亭面面纳湖光"，写出了亭虚空的特点。而亭的妙处，就在于"虚"，在于"空"。

亭的材料

建筑的材料，某种程度上会对建筑造型与风格产生影响。亭的材料有木材、石料、砖、草、竹等，还有极少数其他材质的，如颐和园宝云阁铜亭。中国古典建筑大都为木质结构，亭子也多以木材为原料。木亭中，以木构架黛瓦顶和木构架琉璃瓦顶最为常见。黛瓦顶木亭是中国古典建筑的主流与代表，遍及各地大小园林，或庄重质朴，或典雅俊逸。琉璃瓦木亭多建筑在皇家苑囿或寺观园林中，色彩鲜艳、华丽辉煌。

相较于木亭，石亭的生命更长一些。早期的石亭多模仿木结构亭的造法，以石料雕琢成相应的木构架。明清时期，石材的特性才逐渐突出，构造方法上相对简化，出檐较短，形成质朴、纯厚、粗犷的风格。

砖亭是采用拱券和叠涩技术建造的小亭，既有木结构的细腻，又有石结构的粗犷、厚重，同时也不乏自己的特色。砖亭出现得较晚一些，因为叠砖砌筑是建筑技术发展到一定水平才能实现的。北海团城上的玉瓮亭就是由砖砌造的砖亭。

以竹、草覆顶的小亭，如避暑山庄的采菱渡和杜甫草堂的少陵草堂碑亭，圆锥形的亭顶上覆盖厚厚的茅草，风格清雅，极富山林野趣。

亭的地方特色除了体现在造型上，色彩也是主要的识别标志。海南气候湿热，四季常绿，亭顶用绿色的琉璃覆面

景山万春亭立面、剖面图

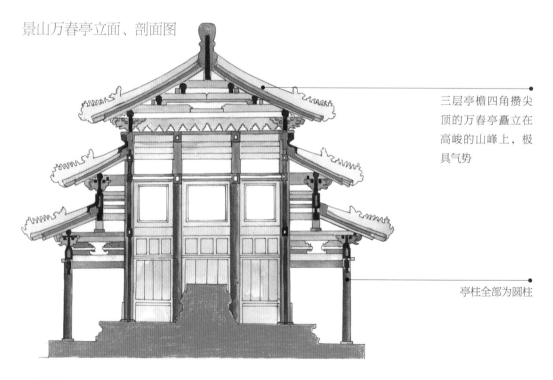

三层亭檐四角攒尖顶的万春亭矗立在高峻的山峰上，极具气势

亭柱全部为圆柱

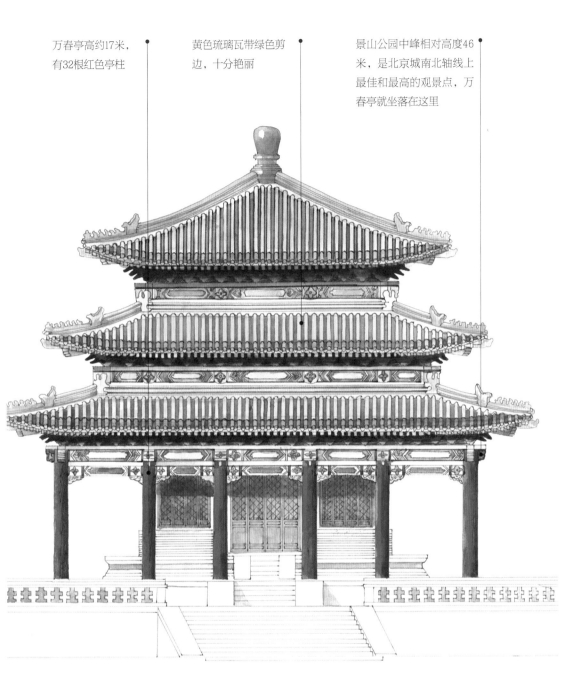

万春亭高约17米，有32根红色亭柱

黄色琉璃瓦带绿色剪边，十分艳丽

景山公园中峰相对高度46米，是北京城南北轴线上最佳和最高的观景点，万春亭就坐落在这里

亭的造型种类

园林中亭的造型极为丰富，按平面形式分有三角亭、四角亭、五角亭、六角亭、八角亭、六柱圆亭、八柱圆亭、扇面亭、卷书亭、双环亭以及由两种或两种以上几何图形组成的各种组合式亭。采用什么样的平面形式，应因景因地而定，不论是圆形、六角形、方形还是三角形，都应对园林景观起到画龙点睛的作用。最常见的亭的屋顶形式是攒尖顶。攒尖顶轻巧灵动，适用于小型建筑。歇山顶、卷棚顶以及两者相结合的卷棚歇山顶也是常见的亭顶形式。讲究气势的皇家园林则会用重檐屋顶。

亭的造型种类

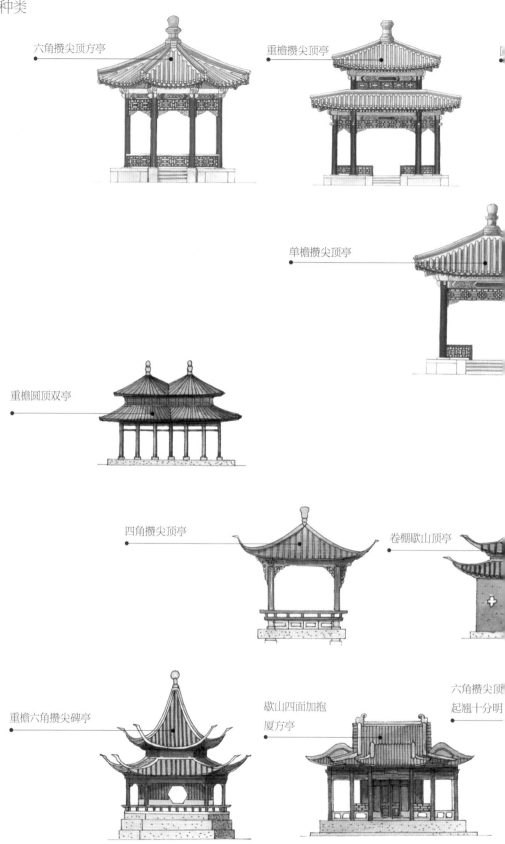

六角攒尖顶方亭

重檐攒尖顶亭

单檐攒尖顶亭

重檐圆顶双亭

四角攒尖顶亭

卷棚歇山顶亭

重檐六角攒尖碑亭

歇山四面加抱
厦方亭

六角攒尖顶
起翘十分明

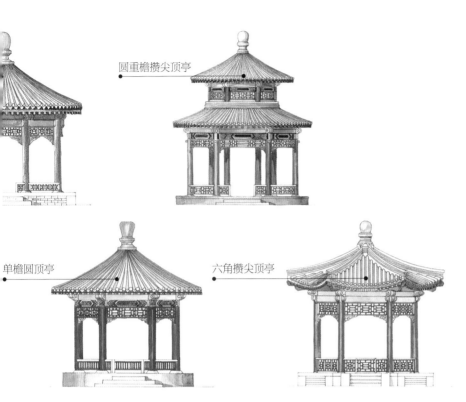

圆重檐攒尖顶亭

单檐圆顶亭

六角攒尖顶亭

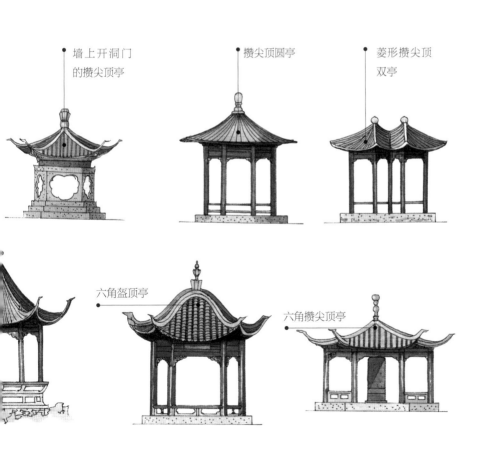

墙上开洞门
的攒尖顶亭

攒尖顶圆亭

菱形攒尖顶
双亭

六角盔顶亭

六角攒尖顶亭

四川杜甫草堂的小亭多朴素清雅

亭的文化内涵

园林中的亭已逐步脱离最初亭的用途，其观赏性和点景的作用日益突出，它不仅是一种具有美感的建筑，还包含着深刻的文化审美内涵。

苏州的沧浪亭就是以其丰富的文化内涵闻名遐迩的。亭名取自《楚辞》："沧浪之水清兮，可以濯我缨。沧浪之水浊兮，可以濯我足。"寓意文人雅士出淤泥而不染的高雅品质。全国各地仿苏州沧浪亭文化意蕴而建的园景不在少数，无锡寄畅园有小沧浪，避暑山庄如意洲有沧浪屿，均为追求安逸清雅的景致。

位于浙江绍兴会稽山下的兰亭也是如此。兰亭最初是村头的一个小小的驿亭，只因东晋王羲之等人曲水修禊以及《兰亭集序》而名扬四海。千百年来，多少文人墨客、书法名家慕名而来，寻踪访迹，为兰亭增添了无尽的文化气息，以致今天成为一处文墨、典故、景致珠联璧合的名胜古迹。兰亭建筑的审美价值已完全融合在那与书法艺术相联系的文脉典故中，经久不衰。

这种通过一定的手段，诸如楹联、典故、诗文、题刻等，来赋予景观某种既定观念的方法，能使人在感情上产生跨越时空的共鸣，同时也使人把感性的视觉欣赏升华为一种具有丰富社会内容的理性的审美态度。园林中的亭正是通过这种建筑本身所不具有的、外在的、抽象的形式，把建筑的美与文化艺术相结合，创造出如诗一般的情韵和如画般的意境，从而使游人得到一种综合性的文化艺术享受，并形成一种文化积累，构成亭所特有的文化内涵。

四角攒尖顶的小方亭灵动、轻巧

皇家园林中的小亭色彩鲜艳，造型秀丽多姿

御花园万春亭正立面图

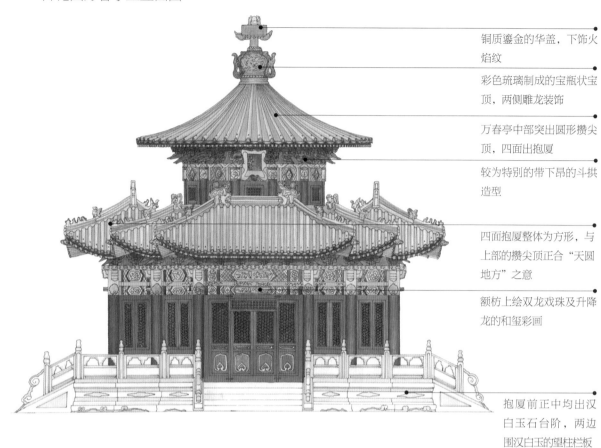

铜质鎏金的华盖，下饰火焰纹

彩色琉璃制成的宝瓶状宝顶，两侧雕龙装饰

万春亭中部突出圆形攒尖顶，四面出抱厦

较为特别的带下昂的斗拱造型

四面抱厦整体为方形，与上部的攒尖顶正合"天圆地方"之意

额枋上绘双龙戏珠及升降龙的和玺彩画

抱厦前正中均出汉白玉石台阶，两边围汉白玉的望柱栏板

廊中建亭，打破了长廊的单调

扬州小盘谷六角亭立面图

亭为六角攒尖顶，顶部有宝顶装饰，宝顶下雕饰如意纹

戗脊起翘不是很明显，使亭体看起来有几分端庄、稳重之感

柱子上部有雀替装饰，与其他形式的小亭有所不同，使原本孤立无依的亭柱更具观赏性

亭底部围以矮栏，美化建筑的同时起到了保护游人安全的作用

苏州狮子林的扇亭，依山势而建，居最佳观景位置，可揽全园景色

颐和园画中游是建在山坡上的一组亭阁建筑群，穿行其中如在画中游

图说园林
解读中国园林的美与巧

门窗——园林建筑细部

园林中的门同其他建筑一样，大多是为了园林造景的需要。月洞门、屋宇式门、隔扇等都是园林中比较常见的门的形式。

月洞门

月洞门是随墙门的一种。最简单的随墙门，就是在墙面上开个墙洞，再安装门扇，但是园林中的门洞很多都不装门扇。由于这种门不够庄重，所以多用于便门、旁门或侧门。正因为它们比较随意，所以才会被广泛地应用在园林中，这种门叫门洞或什锦门，圆形的门洞称月亮门或月洞门。

为了配合景观效果，园林中洞门的形状轻巧玲珑，丰富多彩，有圆形、八角形、六角形、梅花形、海棠形、如意形、莲瓣形、贝叶形、葫芦形、银锭形、汉瓶形等，其中每种形状又有不少变化，如汉瓶形就有多种形状。这些洞门的大小比例及形状要与墙面的大小及空间环境相协调。在分隔主要景区的院墙上常开设直径较大的圆洞门或八角门，以便通行，其中使用最多的是圆洞门，它比一般的入口更具引导性。洞门的边框常用水磨青砖镶砌，这些水磨砖框成云纹、回纹等各种线脚，青灰色的砖门框加上刚劲有力的线脚，再有白色粉墙的衬托，显得门洞格外典雅精致。也有一些洞门是素白无边的，同样美观自然。各式各样、琳琅满目的门洞，与周围的建筑、山石、花木相互映衬，为园林增添了别样情趣。

门洞还具有框景的作用，通过本身的各种造型起到画框的作用，把园林中的美景镶嵌成一幅幅优美的画面，使纳入画框的景物，无论天空、山石、水面还是花树，皆因景框而增色，令园林意境获得升华。一个很好的例子就是扬州瘦西湖的钓鱼台。钓鱼台是一个四面通透、青瓦黄墙的方亭。亭东面墙上是一个落地罩阁门，西北南三面开设圆形月洞门，站在亭内可以从各个角度观景；如果站在东北望西南两洞门，则西侧洞门正好将白塔框入，南侧洞门又正好把五亭桥收入其中，这种框景的手法既丰富了水面的层次，又美化了观赏效果。

对景，就是透过洞门或空窗去看某一景物，一般的做法是在洞门的内外置石峰、芭蕉、石笋、修竹、花卉之类，从洞门一侧看过去，好似一幅图画嵌入框中，而门的另一侧是

耦园樨廊园门所框花木之景，用门洞圆形的轮廓把横影竖枝的凌乱参差遮挡起来

海棠式洞门比圆形洞门框景效果受限更大，因此在布置所对或所框的景物时，需要精心考虑

寺庙建筑中的山门与园林中的洞门相结合，既有了山门的气势，又有洞门的造景效果，可谓一举两得

富有别样情趣的另一种景物。门内外景物相互搭配，成为对景，一门之隔，两处景致，妙不可言。《园冶》中说："触景生奇，含情多致，轻纱环碧，弱柳窥青。伟石迎人，别有一壶天地；修篁弄影，疑来隔水笙簧。"可以说是对框景、对景的生动写照。开在粉墙上的门，比如月洞门，可以划分园林空间，使空间层次更为丰富，形成 "山重水复疑无路，柳暗花明又一村"的造园效果。

门与墙的组合在任何建筑中都必不可少，也是变化多端的组合形式之一。在园林艺术中，这种组合更是得到了充分利用，展现出了它们独特的艺术和建筑魅力。扬州汪氏小苑苑内有四个小花园，各居一角。四个小花园并不是各自独立分开的，为了增加空间的层次感，形成透景、隔景的意境，园主人故意用门墙的组合对空间加以分隔。如西北角和东北角的花园原本是一座花园，但被一道粉墙分隔开，粉墙上开设圆形门洞，汉白玉石质，门楣上刻"迎曦"二字，它与门前一匹用太湖石堆叠的仰空嘶鸣的石马，合在一起，形成"嘶马迎曦"景观，是苑中的美景之一。

花厅门，用于宅第园林里的独立小花厅。开间正中为带棂条花纹的壁或插屏之类，左右有小门出入，或做成落地罩式的门，中间置插屏。

园林殿、堂、轩、榭、楼、舫、阁、斋等建筑本身的门多为木构的格扇门。根据开间的大小可设四扇、六扇或八扇等，基本上取偶数。格扇的格心拼雕各式图案纹样。园林中，形形色色的门本身也是一道可品可赏的风景。

格扇门因其通风良好、装饰性强而被广泛应用于园林外檐装修中。园林中的格扇门更具观赏性，装饰纹样丰富多彩，瑞禽祥兽，瓜果花卉、人物故事、几何纹样、博古器皿等无所不有。北方皇家苑囿内檐的格扇门有特定的装饰图案，以格心部分来说，最重要的建筑上用三交六椀菱花格，稍次要的建筑上就用两交四椀菱花格，一般的配殿上只用斜方格或正方格。红底描金，处处用龙，是皇家园林建筑格扇门的又一显著标志。

江南地区多雨潮湿，相对来说格心部分在整件格扇门中的比例较大，一来门的通透性增强，便于室内通风；二来可以透过格心透出的空档观赏园外景物。有的格扇门甚至做成全部为格心的落地明窗，室内空间十分敞亮。

瓶形的门洞砌出门框，底部还雕刻如意纹装饰。透过门洞看到柱廊列列，廊的宽度与门洞最细部的宽度相差无几，远看如安在门上的门柱

墙上开洞，称之为随墙门

多边形的门洞本身并没有什么特色，但与粉墙、漏窗、匾额相结

合，渲染出了园林中特有的意境

四川成都杜甫草堂花门以鲜艳的红色为底，与成丛的翠竹相映成趣

瘦西湖白塔晴云葫芦形门洞上安设木质
小栅门，又多了一层障景效果

格扇门多用于建筑的外檐装
修，其本身的形制并无特别之
处，重点在于门上的木雕，尤
其是格心部分最富于变化，图
案形式丰富多彩，以苏州地区
最为多见，也最富丽，图中为
藕园和怡园建筑上的格扇门

漏窗

漏窗也称漏明窗、花窗。窗孔的形状多种多样，有方形、圆形、六角形、八角形、扇面形等多种形式。窗孔的里面再用小青瓦或望砖构成几何图案。小青瓦是弧形的，构成的图案都是曲线的组合；望砖是一种薄砖，构成的图案都是直线的组合。小青瓦和望砖本身虽然简单，但在工匠手中却组合出了丰富多彩的图案形式。有时小青瓦、望砖混用，又产生了混合型的组合图案。为了克服小青瓦和望砖材料的限制，人们用木片或竹片组成图案骨架，外面用泥灰涂抹，构成漏明窗的棂格。这种木竹片和泥灰构成的漏明窗图案，易于构成疏密变化，而且窗棂格较薄，从窗子的一边易于观察窗子另一边的景色。

漏窗的框景较洞门更随意，可横向构图也可竖向构图，还可依漏窗图案的样式勾勒出美妙无穷的图景。

什锦窗是一种装饰性很强的窗子，常见于北方皇家苑囿。其窗洞形状有满月形、双环形、套方形、三环形、玉壶形、寿桃形、石榴形、银锭形、玉盏形等，但窗洞的尺寸一般都不大。窗子的构成形式也和南方的漏明窗、空窗不同。什锦窗由窗套(也叫贴脸)、外框、仔屉等部分组成。窗套是贴在窗孔四周的一圈又宽又厚的装饰边框，常用泥灰做成。边是等宽的，与窗孔的形状完全一致，常常涂成深灰色，使窗孔看上去更大。窗套的里面是外框，外框用木头做成，宽度略窄于窗套。外框常被髹饰成红色。仔屉是外框里面装玻璃或糊纱的窄窗框，常髹饰成绿色。这三层宽窄不同的边框在白色的墙壁上十分醒目。

常见的什锦窗有三种形式。第一种是镶嵌什锦窗，这是镶嵌在墙壁上的一种盲窗，也就是假窗。这种窗子的玻璃里面常画上花草等图画，然后涂上白的底色，使人感觉不到是假窗。镶嵌什锦窗尽管不具备通风、透亮的功能，但作为装饰能起到丰富墙面的作用。

第二种是单层什锦窗，又叫什锦漏窗。这种窗子相当于透空窗加一层玻璃，用于庭院苑囿内隔墙上。这种装饰透窗使隔墙两侧的景色既有分隔，又有联系。单层什锦窗的一樘仔屉在窗孔居中安装，从墙的两侧看去均有明显的凹空。

第三种是夹樘什锦窗，又叫什锦灯窗。这种窗子相当于镶嵌在墙体内的一种灯笼，也就是在窗的两面各安装一层仔屉，中间的空档大致相当于墙体的厚度，可以安装灯具，但也有不装灯具的。仔屉内糊纱，现在都是装玻璃。有的玻璃上面还画有图画或题写文字。

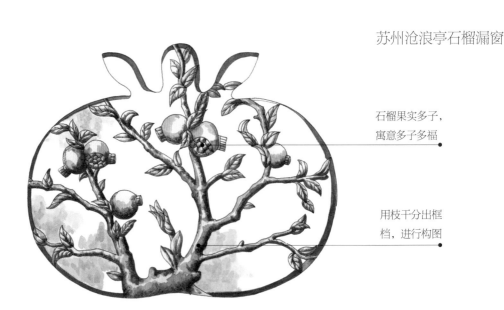

苏州沧浪亭石榴漏窗

石榴果实多子，
寓意多子多福

用枝干分出框
档，进行构图

苏州狮子林藤茎葫芦漏窗

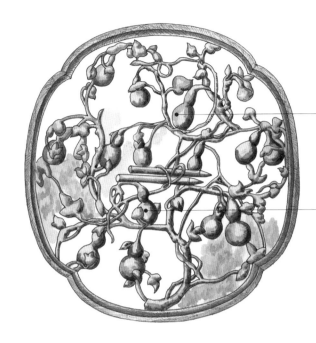

葫芦为藤本植物，藤
蔓缠绕绵长，象征子
孙万代永远繁荣昌盛

葫芦形态优美，适合
作为装饰题材

苏州怡园碧梧栖凤树叶形漏窗，正容得
下对面修长的笋石

苏州怡园碧悟栖凤廊上宝瓶形漏窗

林家花园蝴蝶漏窗是一种形制较为复杂的形式，砖墙上蝴蝶的翅膀、触角、身体都被刻画得细致入微，每一部分都有漏空，透过这些孔洞能看到墙内外的风景

林家花园双环形漏窗形式相对简单，却也活泼可爱

在定静堂与月波水榭间的隔墙上，漏窗种类繁多。有蝙蝠漏窗，柿子漏窗、桃形漏窗、南瓜漏窗等。这些漏窗自然、精美、纤巧秀丽，巧妙的设计使整个园林景色相互贯穿，丰富了景观层次

无锡寄畅园嘉树堂漏窗形制简单，为海棠形。有趣的是，窗内几片绿叶悄悄探出窗外，与从窗中观望所漏之景相比，更富意趣

开在墙上的石窗、砖窗能形成漏景或框景，而开在墙上的木窗，开合自如，关上是一种景观，打开又是一种景观。不同的窗扇把连续的风景做了分隔，使每一部分都有了主题和观赏焦点

苏州环秀山庄葫芦形漏窗，透空和漏景部分主要在葫芦的下部，下部近似圆形，窗框做出三环，使窗孔显得更大

苏州耦园圆形漏窗观赏性很强，窗的中心为花蕊，四周生出花瓣，如旋转的风车，边框部分也做出环状，边框外围是连续的如意纹贴脸

园林家具
简约繁冗总相宜

家具是人们日常生活中必不可少的用具。园林建筑中的家具造型典雅、制作精良，有很高的观赏价值和艺术价值，是园林景观的组成部分。但其使用功能同样不容忽视，它是满足园居生活的必需品。

园林中家具的种类繁多，根据其功能和用途大致可分为以下几大类。

几案

几是放置杂物或饮食、读写所用的家具。几有炕几、茶几、天然几、花几、燕几等多种，园林中常见的主要是茶几和花几。茶几分方形和矩形，放在椅子之间成套使用，因此它的形式、材质、色彩、装饰等都与椅子的风格相协调。花几用来放置盆花或花瓶，多作方形或圆形，造型小巧。

案的用途与几相似，形体狭长，多置于厅堂正中，紧依屏风、纱隔，左右两端常摆设大理石画屏或大型花瓶。

桌类

桌的出现晚于几案，也是人们最常用的家具之一，有方桌、圆桌、半桌、琴桌以及各式花桌。方桌中八仙桌最普遍，结构上有束腰和不束腰两种。其次是四仙桌，桌面比八仙桌小，每面适合坐一人。圆桌，即桌面为圆形的桌。半桌，只有正常桌面面积的一半，多靠墙而置。琴桌，供抚琴之用，有木质琴桌和砖面琴桌两种。

椅凳

家具中，桌椅通常会配套使用。椅有太师椅、背靠椅、文椅等多种。太师椅在封建社会是最高贵的座椅。它最早出现在宋代，张端义《贵耳集》记载："京尹吴渊奉承时相，出意撰制荷叶托首四十柄……遂号太师样。"后来就有了太师椅这一名称。它是一种有背靠和扶手的大圈椅，造型庄重大方，在背靠和扶手处常做雕花或镶嵌大理石、瓷片、贝饰等，极为富丽。背靠椅形制稍简单，只有背靠没有扶手，和几搭配使用，放在山墙处或较为次要的房间。文椅常置于书房、画轩、小馆内。凳，坐具的一种，有方凳、条凳、圆凳等形式，多放在亭、榭等观景建筑内，供游人休息小坐。

床榻

榻是一种无顶小床，榻前置案，上面可放果品。比较讲究的榻，两面或三面置屏风，放在客厅明间后部，用以接待贵客。与榻不同，床是放在寝室内的一种卧具。

其他室内陈设

除了必要的桌椅几案，还有一些灯具、烛台、香炉，装饰点缀的画屏、插屏、盆景，悬挂于墙壁上的书画、匾额、楹联以及摆放在桌几上的古瓷器、古玉器、古铜器、花瓶、文房四宝等，这些繁多的陈设品不只是作为室内的装饰充盈丰富了室内空间，它们更是园主兴趣、爱好，甚至身份地位的象征。皇家园林中，主要殿堂内景都在室内正中设地坪床，几案位于中央，后为紫檀木或楠木雕龙宝座，宝座两旁有孔雀翎团扇，再外侧还有玉器或珐琅器、铜器等装饰，宝座后通常设木质或大理石围屏，屏上方有大副匾额，明间正中梁柱贴楹联，柱下用铜香炉、铜鹤、铜鹿作摆设，顶部悬挂宫灯。另外还有诸多字画、条幅、盆景等小件陈设，整个内部空间被装饰得琳琅满目、富丽堂皇。

家具陈设可以布置空间、组织空间，烘托室内空间的主次功能，使室内空间更加丰富，其式样与风格对厅堂的情调和性质有着重要的影响。

家具种类和家具布置的格局因房间的用途不同而各异。如在厅、堂中，家具多以明间的中线为轴，左右对称布置茶几、座椅；书房宜将书案近窗放置，书柜书架宜向明处；寝室以床榻为主，桌椅不宜离床位太远，桌上的瓷器、铜器、玉器、花瓶、盆景应赏心悦目，为屋主提供一个闲适、温馨的休息空间。

陈设品的布置多以平衡、对称为基础，利用形体、色彩、质感的差异形成一定的对比效果。园林室内家具陈设的布置同园林外部空间山水、建筑、花木一样需要精心设计，要有分有合、曲折有度，使用灵活。

高低几适合需要多种用途的场景

平头案上精细的雕刻装饰性很强

百宝嵌镂雕龙柱桌

桌面侧面雕饰莲花纹

桌腿雕刻盘龙，细致传神，是整件家具的亮点

三只足使桌身稳定

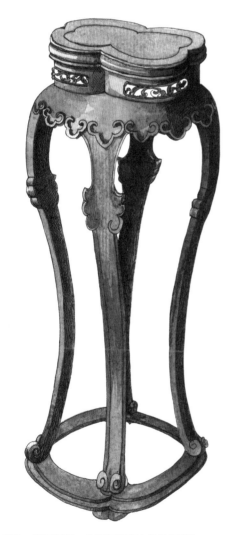

花几，顾名思义，上面搁置花木盆景的器物

车腿花板梳妆桌

梳妆镜镜面为椭圆形，十分古朴

梳妆用品、首饰之类的小物品放在两侧的抽屉里

桌腿上部做成葫芦形，下面分段，与桌面的方正平直形成对比

连板，人坐在桌前双脚可放于其上

腹透空圆鼓凳

形似圆鼓，只是腹部透空

案比桌更为小巧

拙政园玉壶冰室内家具陈设以典雅为主格调

拙政园留听阁中的家具，风格统一，典雅清新给人以舒朗的感觉

玉澜堂作为皇帝处理政务的场所，室内家具陈设自然气势非凡

房间的功能作用决定室内的装饰风格，颐和园宜芸
馆作为藏书之地，室内陈设较为素雅

苏州留园林泉耆硕之馆以石作镜，不能照
人，重在装饰

皇家园林中还可见到
一些昂贵的装饰品，
比如造型优美的铜质
香炉

咫尺丘壑，奥旷相兼——

园林设计

万物静观皆自得。山之朦胧，水之清澈，各得其所，在静中品动，在动中求静，动静皆宜，山水物象，自成一境。远山逶迤绵邈，近水深邃空澈，山不在高，水不在深，只要充实丰富即可，这就是中国古典园林所营造的山水空间。

模山仿水，是中国园林的创造主旨。不论什么形式的园林都不能没有山水，或以山为主，或以水为主，或山水兼备。在园林中，山和水的组合也构成了风景的主要结构骨架，今天造园中经常使用的"山因水活，水随山转，溪水因山成曲折，山蹊随地作低平"等艺术原则和郭熙的"山得水而活，水得山而媚"画论是同出一源的。园林理论家陈从周教授关于山水的关系变化有自己的独到的解释：园林叠山理水，不能分割言之，亦不可以定式论之，山与水相辅相成，变化万方。山无泉而若有，水无石而意存，自然高下，山水仿佛其中。

纵观中国古典园林，真正以山石为中心的园林很少，但山石在园林中仍然占有很重要的地位，和建筑、花木、水景构成园林的四大要素。中国园林山石的造型，随着园林文化的不断发展，越来越富于变化，但其宗旨一直未变，依然极力追求自然山石效果。首先要了解山石的特性、形状、纹理、色彩等，要结合园林的大小、需要等具体情况。小型园林的面积有限，如果没有很好的水源，则不易辟水池，那么石就成了主景，或是与院内主体建筑成对景，通常来说山石不宜正对房屋的正开间，要有所交错，形成变化。山石的使用，要恰到好处，尽量叠出特色，切忌呆板。

园林中的假山既要模仿真山的形态，又要以传神为佳，借山石抒发情趣。宋代山水画家在《林泉高致》中对山石有这样的描绘："春山澹冶而如笑，夏山苍翠而如滴，秋山明净而如妆，冬山惨淡而如睡。"中国古典园林叠山正是把这种绘画理论应用到山石堆叠上，创造出具有传情作用的山石景观。扬州个园便是基于这样的创作思想，选用笋石、太湖石、褐黄石和宣石，叠成春夏秋冬四季山景，按春是开篇、夏为铺展、秋到高潮、冬作结尾的顺序，将春山宜游、夏山宜看、秋山宜登、冬山宜居的山水画理运用到个园假山叠石之中。

山石具有传情的作用，但终究是观赏的对象，它的形式美远远大于其内在美。如苏州狮子林，园中峰石林立，大小假山全用湖石堆叠，玲珑俊秀。湖石多数状如狮形，也有如龟鸟、鹰兽的，千奇百怪，难以用语言形容。园初建于元代，还没有完全摆脱唐、宋时期对石崇拜的影响，所以在叠石山时过多强调湖石的石性，注重物趣的形成。

庭院空间较小时，贴壁山也是一种很好的选择。贴壁就是在墙中嵌理壁岩，有的嵌于墙内，有的贴墙而筑，远远看去，犹如浮雕。

叠山也称叠石，山由石而成。山的形状、神韵、气势皆因石而异。园林叠山就是在最充分表现石种特性的前提下，结合园林空间环境的特征，形象或意象地表达出创作者的园林思想、审美情趣或意境。

叠山石的常见种类

选石是叠山的第一步。石的种类较多，《园冶》"选石"篇列出了十六种山石，包括太湖石、昆山石、宜兴石、龙潭石、青龙山石、灵璧石、岘山石、宣石、湖口石、英石、散兵石、黄石、旧石、锦川石、六合石子、花石纲。而实际园林中，因财力、物力等条件的限制，通常只用一两种，或一主一辅，或两种并用。从园林叠山的实际情况来看，湖石和黄石是用得比较多的两种。

（1）湖石　湖石又称太湖石，产于苏州洞庭山水边。石性坚硬而润湿，石色白或青黑，纹理纵横交错，联络起伏，石面上有许多凹陷坑洼，形成透、漏、瘦、皱、丑的特点。透，是指石上多孔，四面玲珑；漏，是指石峰上下左右，窍窍相通，有路可循；瘦，是指山体瘦长清秀，苗条挺拔；皱，是指山石表面起伏不平，在阳光照射下阴暗多变化，富有节奏感；丑，是指石体形状怪异。这些特点是选石品位高下的标准，也是湖石叠山艺术优劣的标准。

湖石多为天然石灰岩，较适于临水而置。石头的下部受到水的冲击和腐蚀，会形成各种洞穴、漩涡，有宽有窄，有大有小，还有环环相套的，错落有致，自然奇妙。环秀山庄内堆叠的湖石就属于这一类型，其自然之态可比真山。

（2）黄石　黄石分布很广。《园冶》中记载："黄石是处皆产，其质坚，不入斧凿，其文古拙。"黄石多用于叠砌大型石山，不独立成峰，外形刚直峻拔，气势雄浑。上海豫园大假山、苏州耦园假山、扬州个园秋山等均以黄石叠成。黄石不宜点石成景和独石构峰，只适合堆叠山峦，注重气势的营造，犹如北方巍峨的崇山峻岭。

（3）花石纲　宋徽宗营造艮岳时，曾经组织专门的船队从全国各地搜寻奇石运到东京，筑成寿山。历史

自然中的山水是园林摹拟的对象。自然山水的美不加修饰却灵秀隽永，造园者则是凭借聪明才智在园林中构筑浓缩的山水景观。图为扬州片石山房中的叠山佳作

上人们把运石的船队称为花石纲，后来代指艮岳寿山之石。一场大火将一代名园烧为灰烬，而寿山之石却遗留下来，现北京的皇家园林中仍可见艮岳遗石，其中包括北海白塔山上部分青色太湖石。

早期园林筑山都以土为料，即"堆土成山"，后逐渐发展成土石并用的土石山。土、石皆是中国园林假山的主要原料，叠山的形状、效果与所用土、石多少有很大关联。以苏州园林为例，假山所用土石情况大致有四类。

一为土山。所谓的土山并非全部是土，而是山的一部分全部用土，不杂以石块。苏州拙政园香雪云蔚亭西北角的假山即为此种类型。

二为石山。也就是全部以石相叠的假山，因为没有泥土黏合，所以大多形体较小。网师园池南黄石假山就是全石山。

三为土多石少的山。这类假山较为少见。拙政园内绣绮亭和水池中各有一座这样的山，山形较小。另有两处山形较大的，分别位于沧浪亭和留园。

四为石多土少的山。这类叠山在苏州园林中最为常见。其中又分为三种结构，第一种和第二种都是山有洞型，山的四周和内部的石洞全用石料构成。只是第一种结构的洞窟较多，而山顶的土层较薄，狮子林的假山就是此结构。第二种结构的洞窟较少，顶部的土层也更厚，怡园、慕园内都有这样的假山。第三种结构最为特别，没有石洞，中部堆土，在四周及顶部叠石，留园内中部水池的北岸假山就属于这一类型。

山石可以堆成各种形式的蹬道，这也是古典园林中富有情趣的一种创意。古典园林讲求顺应地形，随高就低安排建筑，因地制宜，随形就势。园内不免"有高有凹，有曲有深，有峻而悬，有平而坦"，为使攀登方便，必然要设置台阶或蹬道。文园狮子林的蹬道随地形的变化任意转折起伏，上至山顶，下通园池，是园内从水中通向山上的必经通道。这些山石与假山山石相统一，成为假山的一个组成部分。

仁寿殿前湖石

山石的纹理是选石的标准之一

池中堆山要依据池面的大
小，池大宜筑高山，池小
单独置石成峰，或散置成矶

颐和园乐寿堂院内湖石呈
不规则状，有涡洞状的纹
理，是难得的湖石珍品，
据说此石为宋代艮岳之石

苏州怡园以石为屏，别出
心裁

成都望江楼内文峰选用带有竖向纹理的湖石构筑池上石峰

颐和园清晏舫前的奇石表面光滑，
石面上多孔

用石色和质感统一的湖石堆筑的假山，真假难辨

山不在高，有形则宜，是园林假山堆叠的原则

中间有路供人穿行的山洞称为单跨
洞。通常来说单跨洞洞口两侧应设
置景致，避免景致单薄

叠石造山具体操作手法举例

1.通过镇石出挑

镇石是指石峰需要石头出挑时，压在这块出挑石头上面的一块石头。其作用就是保证出挑的石头不会因重心不对而失去平衡。

2.横向出挑

假山的上部一般会呈现石头自然的高低错落，自然山势的轮廓中，有石头横向出挑的效果比较少见，而横向出挑是叠石造山的必要手段之一。在叠石造山的过程中，要不断因势利导，造出一些横向出挑的元素，使假山的轮廓中不断有让人注目的横向体块。

3.外轮廓的收与放

假山的美在于假山是一种浪漫的人造山，而不是常见的自然山体那种上小下大的金字塔形。假山不能简单地做成上大下小的蘑菇形，在假山的外轮廓线上，有收有放、有凹有凸的塑造是非常必要的。

4.飘石

飘石位于横向出挑的石料上端，没有镇石压镇，但是又继续向外出挑，是一块好像能够被大风吹走一样的石头。

5.收尾石

收尾石位于横向出挑的石料上端，是一块在构图上作为结束之笔的镇石。收尾石的作用是使出挑的横向石料在最外侧有一个丰满的端头，从而使假山的轮廓有抑扬顿挫的变化感。

6.挤卡

挤卡是在两块大石头的上部，依靠缝隙的形状卡在两石之间的小石头，仿佛是无意被卡在那里一样。挤卡是假山形成孔洞的方法之一，使山石灵动起来。

7.直立拼接

假山的设计比较忌讳出现一个像华山那样的直立大峭壁，因为众多的石头堆砌拼接，颜色纹理质地各不相同。此时直立拼接是非常实用的手法。直立拼接是将石材都竖着站立排列，排列时要注意石头的大小、高矮、厚薄、纹理和颜色，在彼此都不矛盾的情况下将石头拼接成大的体块，构成一个景观单元。这是叠石造山的最基本手法之一。一座假山往往由多个直立拼接的部分构成。

8.横向拼接

横向拼接是非常容易塑造灵动效果的一种拼接模式。因为在自然山峰中，山体从整体到局部，下大上小是普遍规律。一旦有上大下小的岩石或小山峰出现，都会使人感到新奇。叠石的横向拼接就是利用了这个原理。当石料一侧大一侧小，又可以横向摆放时，就把小的一侧悬空伸出去，这样就形成了"高于生活"的结构模式，使假山的观赏性进一步增强。

9.块石的横向拼接

叠石造山时会感慨理想的单体石头太少，甚至能够直立起来的石头都没有多少，更不用说是可以直立的大块石料了。因此，只能选择横向拼接的方法。横向拼接肯定不是把石头简单放置，而是要相互咬合、镶嵌，能架就架起来一点，让下面形成孔洞或缝隙。这种拼接的单元也要能合理融入整体大假山的"楼层"之中，一般作为假山楼层某部分的前景。

10.挤压悬挂

在一个尺度较大的孔洞上方，垂下一个形体，使孔洞的形状被打破。这种构图需要在孔洞上方两侧的石头之间挤压悬挂一块形状具有美感、抽象意趣的石头。这种挤压悬挂的手法，可以广泛应用于人不会穿行的孔洞，让人远观。假如设置在人穿行的孔洞上方，需要有一个安全的高度，以免磕到人。

11.横架

在两个石壁之间架一块大石头，形成孔洞，是比较有情趣的造山手法之一。架于两壁之间的这块石头，以扁薄为佳，上面可以不再堆砌其他石头，突出横梁石材的美感。横架的设计，避免了人们固有概念中的普通石洞头顶上方的臃肿感，使假山的游赏性大大增强。

12.拱券

假山的孔洞上方也可以使用拱券这种营造模式。但是假山的孔洞不仅是通道的出入口或观赏的窗洞口，还肩负着造景的重任。因此，最重要的是看不出是券，要看上去是个自然的洞。这就要求选石时，结构上要能达到券的功能，但是视觉上要让这拱券看似自然天成。

13.支撑

将大的横势石材以出挑的方式摆放，容易营造出舒展大气的感觉。这时，石料下面的支撑就显得极为重要。最重要的一点是，支撑的材料要在视觉上灵秀、小巧。假山的观赏是有角度制约的，往往看一块石头就只有几个角度，有时候只有一个角度能看到。因此，支撑的材料要充分利用这一点，让观者以为支撑的材料很纤细，保障上方叠石的营造效果。

14.先大后小的摆放

假山叠石的摆放原则是，要把好看的石头放在外面，把石头好看的一面对着外面。同时有好几块石料时，先把最大的一块摆放好，再把小的依次摆放在合适的位置上。

15.头重脚轻的处理

用若干块小的石头支撑起一块巨大的石头。

16.戴帽子

如果一块扁的石料有形如盘子的凹面，则可以将这块石料的凹面卡在另一个单独耸立的石头之上，二者叠加就像是一个蘑菇。这种手法叫作"戴帽子"。这种处理是一种情趣化的头重脚轻组合模式，适合设置在相对独立的位置上。

17．竖向构图

用几块适宜直立的石头组成竖向构图，是一种简单且容易出效果的模式。无论体量大小，都能够取得不错的效果。

18.镶嵌弥补造型

在造型上能让人一眼就被吸引的石头少之又少。在这种情况下，可以利用镶嵌的手段，将原本造型一般的石头组合成外形奇特的石头，弥补造型上的遗憾，能创作出各种好的构图样式。

19.墙面贴石

将原本一般的石头，或是仅有某一个面可以欣赏的石头贴挂到高墙上，就会产生一种石头穿越墙壁的效果。这样的设计会让人们想象墙背后是一座高大完美的假山，利用人们的想象力与幻觉塑造完整的假山。

20.堆叠时各角度都要呈现孔洞

太湖石的主要特点是皱、透、漏、瘦，其中透和漏的特点都是由孔洞来体现的。在叠石时要注意保留太湖石的上述特点，因此无论是假山的立面还是假山的平面，都要注意保留一些孔洞。甚至可以在孔洞里种植树木，彰显其通透的特点。

21.以石包树

江南园林往往以小而精取胜，这就要求在园林设计时要有更多的细节。如在一棵树的周围精心摆放几块石头，自成构图，有高有低，有疏有密。石头遮挡了树木与大地接触的部位，创造出一种掩映的趣味。

22.以石夹树

如果是较为扁平且体块较大的石头，可以做成以石夹树的效果。要注意树木的品种，充分预留出树干生长后直径变大的空间，使树木能够正常生长。要注意地面和石头坡边缘的接触部位，一定要用土盖住石头，营造一种石头是从地面下凸出来的自然感。

23.以石衬树

有的树木树干较大，以石包树会显得很做作，可以改成树干四周围了一圈石头。在树干的边上摆放几块石头，石头与树干形成一种对比或是呼应，这种处理就显得更为灵活。放石头的目的是让人感觉自己身处山野，增加游赏时的野趣感。

24. 倾斜的植物与山体组合

园林叠石的处理不是模仿自然山体，而是为了表现一种超越自然的仙山神境。一块块耸立的石头彰显着不同于自然的艺术特点，假如有树木像盆景一样装点其间，便会加强画面的艺术效果，提升叠石的艺术美感。

25.藤本植物穿过石洞

让藤本植物附在叠石上，从石头上部的孔洞中穿过，这种处理手法能让景致更加生动。假如藤本植物继续生长，可以在叠石的上部架设一些网格架，使叠石依然保持自身的形态和肌理，不会被藤本植物的叶片遮挡。

26.倒挂植物

在叠石的中上部铺上土壤，种植枝干会向下垂弯的植物，就能产生叠石上倒挂植物的效果。这种处理非常容易吸引游客的注意力，使叠石的形式更加多样。

27.植物从山石上垂落下来

在叠石顶端存土，种植一些常春藤、紫藤之类的植物。这些植物向下垂落，就像是美女的长发一样飘洒。这种模式需要长期维护，一旦垂落的植物太多太密，就要修剪掉一部分。因为我们的目的是让人欣赏叠石，而不完全是欣赏绿色植物。垂落的植物是辅，叠石才是主。

28.山洞里要有光

假山山洞要有多处透光才好。从假山的孔洞望出去，外面的景色被孔洞的四周给限制住，窥一斑而不见全豹，更能引起游客的游赏心理。有一些光线透进来，人们隐约能看到山洞里面曲折的道路和凹凸的石头，不仅增强了游客的好奇心理，也有利于游客的行走安全。

29.石峰耸立凸出水面

在水中叠石，最常见的手法是让石头耸立凸出水面。高高低低、大大小小的奇石与水面的倒影相映成趣。

30.汀步

汀步是一种让人亲水的好方式。一般来说，汀步两侧的水位最好不一样高，这样汀步缝隙中的水始终在流动，汀步的一侧会成为一个小瀑布。人们在这样的汀步上行走，能享受到自然的乐趣和不一样的景色。

31.水面两侧石级相连

两座石峰的下部是水面，两座石峰的距离又非常接近时，可以分别在两侧石峰上设置踏步，让其基本相连，仅在中间的某处断开，使人可以看到下面的水面。两侧的踏步道路都不要长，踏步道路的两端应都是宽阔的路面。对于游客来说，这样既安全，又有一点点挑战性，形成独特的游赏情趣。

32.在水下的部分并没有阻碍水流

将一条长的横石卧在水面上，露出水面供人行走的部分不要很高，但是要宽到使人感到安心。横石下面的水实际上是流通的，这条横石并不是水坝，横石两侧的水位高度始终一致。这种石头的摆放设置，丰富了园林道路的形式，同时也突显了奇石之美。

33.环券

环券是形成石洞的方法之一，利用整块石头在两个绝壁之间形成一个拱券似的顶部，视觉上营造洞壑感，望之与真山无二。有了一个门洞，就相当于在有限面积内，又划分出一个层次，丰富了景致的层次感。

34.挤斗

选择两块形状较为瘦长的石头，石头的端部类似毛笔笔锋的形状，相对而立，顶端相连相靠，仿佛二者相互挤压，这样两块石头的下部就形成了一个顶部看似轻盈的门洞。这种处理适用于小尺度的假山中，脚下道路弯曲的位置。这种处理缩短了两侧石头的对峙视距，为叠石增加了漏、透的美感。

园林理水

水色清幽，深婉氤氲

辞海中对园林理水的解释为："对各类园林中水景的处理。"理水是中国造园艺术的传统手法之一，也是园林工程的重要组成部分。传统的园林理水，是对自然山水特征进行提炼、概括和再现。园林理水造型有泉瀑、渊瀑、溪涧、池塘、河流、湖泊、喷泉、几何型水池、叠落的跌水槽等。各类园林理水的重点在于风景特征的艺术表达和各类水面形态特征的刻画，如水的动、静，水面的聚、散，岸线、岛屿、矶滩的处理和背景环境的衬托等。

古典园林理水示意图

狮子林理水有聚有散，开合有度，是理水中的佳作

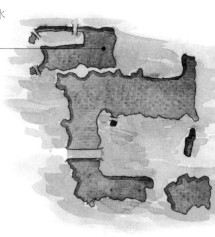

环秀山庄水面多呈带状分布，体现了以水环山的特点

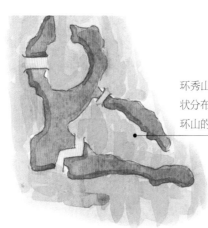

网师园水池在园林的中部，池面近似方形，在西北和东南角各突出一块，取得了平衡

无锡寄畅园地处山地，却以理水取胜。池中主要水面锦汇漪曲折狭长，但水面并不以洲岛加以分隔，只在池北用平桥划分

水面集中——烟波浩渺

园林理水，从布局上看可分为集中和分散两种形式。集中布局容易形成辽阔平静的水面，营造出烟波浩渺的气氛，使有限的空间获得开朗的感觉，一般适用于小庭院理水，削弱其空间狭小的感觉。集中的水面多位于园林的中心，建筑则沿池环列，形成一种向心内聚的格局。至于水池的形状，除个别采用比较方正的几何形状外（如北海画舫斋），多为不规则的形状。这样一方面可以避免过于方正的水面产生单调、空旷的感觉；另一方面，不规则的水面与建筑之间能多产生一些空余空间用以栽植花木、叠山堆石，使园林内容更为丰富。苏州的鹤园、网师园、留园以及无锡的寄畅园等江南名园均采用水面集中的格局。

皇家园林的营建主旨是表现皇家的气势与威严，在园林理水上同样以气势磅礴、浩瀚无垠的集中水面为主。如颐和园昆明湖，这一大片水面有着极为辽远的视觉效果。正如《园冶》所说："纳千顷之汪洋，收四时之烂漫"，这样的情景也只有在大型的皇家园林中才能领略到。如此大片的水面，如果空无一物，看上去未免单调。但又不能像中小型庭院那样沿池构建大量亭台环列的建筑。于是选择用水面包围陆地，形成大小不同的岛屿，岛与岛之间以桥堤相连，岛上布置各种形式的建筑，使单一的水面变成远近层次丰富的美景。这也传承了秦汉"一池三山"的格局传统。

水面分散——隐约迷离

分散布局则是采用化整为零的方法把大块的水面划分为若干相互贯通而又各自独立的水面景观，这样可以利用水的来去无源而产生变幻无穷、隐约迷离的效果。分散布局水面可以因地制宜，开阔的地方因势利导，配置山石亭台，形成相对独立的空间环境，相对狭窄的溪流还能起到沟通连接的作用。承德避暑山庄虽属大型皇家苑囿，用水上却以分散布局为主。湖泊区的湖泊总称塞湖，由相互连通的8个小湖泊组成，它们分别是如意湖、澄湖、上湖、下湖、镜湖、银湖、西湖、半月湖。这些湖泊大小不等、形状各异、主次分明、重点突出，以芝径云堤连接的如意洲、环碧岛和月色江声岛为主景，各空间环境既自成一体，又相互连通，给人一种水陆萦回、小桥凌波的水乡气氛，体现出避暑山庄朴素自然的情趣。

北海静心斋在围合的小庭院内散置多块水面，几乎每座重要建筑都与水相依，站在园中的每一个位置都能欣赏到柔

拙政园中部鸟瞰图

拙政园中部的水面有聚有散，但都以水池为中心，把建筑汇集到水池两岸，使庭院空间更为开朗，这也是小型园林为扩大园林空间而采用的一种造园方式。

桥梁是划分水面的建筑

媚静谧的水景。每块水面的布置又都与
周围建筑相映成趣。如在体量高大方正
的镜清斋前凿出方形平面的水池，符合
镜清斋端庄典雅的风格；玲珑空透的沁
泉廊两面临水，建筑下面流水淙淙，发
出乐器般的声音，意境优雅。

小型庭院中分散理水较为成功的
实例有南京瞻园、苏州拙政园、苏州
怡园、上海豫园，都以蜿蜒屈曲的流
水为线索，营造出幽深的江南水乡庭院
氛围。

居于园北的叠翠楼是
园中唯一一座不设水
景的大型建筑

沁泉廊两面临水，前
后水池相通

画峰室旁边的水池与
镜清斋后、沁泉廊前
的水池相通

池岸叠石，形成驳岸

主殿镜清斋前的水池呈规整的方
形，与园内其他水面不大相同，水
面较开阔，占据了院内很大面积

罨画轩地处一隅，轩前假山林立，山下开一小型水池，真正做到了山水相依

抱素书屋院内水池池岸与陆地间有较大的空地，用以栽植花木、丰富绿化

颐和园昆明湖烟波浩渺，湖面广大，是集中用水的典范

园林动水之美——声形兼具

园林中的水仿自然生态真水，有动、静之分。动则为活水，以动为美。水是流动的液体，其本身的形态既可有"飞流直下三千尺"的飞动之美，又可有"泉眼无声惜细流"的涌动之美，还可表现为百转千回的曲折之美。

要形成流动的溪水，在人工建筑的园林，特别是中小型庭院内不易实现。但园林设计者却巧妙地利用各种假山石搭成曲折的流道，有时还在石旁栽植浓密的树木，形成幽深的山林环境。无锡寄畅园八音涧构筑奇巧，让流水于山石间碰撞迁回，产生美妙动听的响声，犹如乐器弹奏之音。苏州网师园东南角的小涧也是不错的山林再现之景。

瀑布不但可见其形，还能听闻其声，最重要的是那种飞流直下、一落千里的气势和极为强烈的动感，使人精神振奋、情绪饱满。正如诗人李白笔下所描绘的那样："飞流直下三千尺，疑是银河落九天。"历代帝王都是很会享受的，至高无上的权力和整个国家的财力是他们个人享乐的物质基础。帝王们想要欣赏飞瀑美景，又懒于跋山涉水，于是在苑囿中创造人工瀑布。宋徽宗在艮岳寿山上以柜蓄水，每遇皇帝临幸，则开闸泄水，形成瀑布。这种纯人工的瀑布，也就只有在科技尚不发达的古代皇家苑囿中才能见到，是古代帝王奢靡生活的具体表现之一。后世园林受其影响多有效仿，苏州狮子林在问梅阁屋顶放置水柜，下部垒石承接，形成四叠式瀑布。而园林中的瀑布更多是利用园外水源或雨水和园内池塘水面的高差，设置瀑布水景。如避暑山庄涌翠岩，从山上流出一股清泉，经黄石垒砌的崖壁，注入岩下湖中。苏州环秀山庄在高挺的假山上建屋宇，每逢雨天就会有水流泻而下，若雨很大则流水蔚为壮观，真似山涧瀑布一般。除了这些大大小小的人工瀑布，在一些大型苑囿和邑郊风景园林中，还分布着许多真山真水的自然瀑布，加强了园林的生气。

飞泻的瀑布令人心神荡漾

避暑山庄涌翠岩瀑布规模不大，却也有几分情趣

台湾林家花园榕荫大池鸟瞰图

海棠池，水池平面为海棠形，在中国古典园林中很少见到

一条长堤将水池分隔成两半，而这座半月桥使水面相通

斜四角亭是岸上观赏水景的好位置

池岸用砖石砌成平整、垂直的驳岸

园林静水之美——卷幔山泉入镜来

　　静谧、稳定、柔媚是静水的特点。平静的水面可映照出周围的景色，所谓："烟波不动影沉沉，碧色全无翠色深。疑是水仙梳洗处，一螺青黛镜中心。"一池清水，就是一面镜子。蓝天白云、绿树青山、屋宇亭台等倒影映于水中，好似海市蜃楼。而有风吹水动之时，则有"滟滟随波千万里"之意境。水和月的组合，自古以来就是诗人常用的吟诵对象："烟笼寒水月笼沙"也好，"万里归心对月明"也罢，都表现出水月交融如梦如幻的朦胧美。

檀干园湖心亭

池岸用条石砌出整齐的驳岸，与江南园林参差错落的池岸有所不同

园中水池称小西湖，湖水清净明澈。因园林处于村落的水口，所以水源丰富，水质清冽，为园林造景提供了很多便利

湖中小岛为湖心岛，岛上只建一座小亭，亭四周绿草如织，营造出一片雅致纯净的园林空间

幽蓝的海水深不可测，使人浮想联翩

水平如镜，不只是一种修饰，也是一种真实

具体园林理水示意

1.太原晋祠

晋祠位于悬瓮山前，园区内共有三个泉眼：鱼沼泉、善利泉和难老泉，这些泉水是晋水的源头。李白曾留下"晋祠流水如碧玉"的名句。晋祠在过去并没有开挖大型的水面，而是任泉水自由流淌出去，汇入晋水大河。比较特别的是晋祠鱼沼这个平面为方形的水面，位于宋代建筑圣母殿之前。

2.圆明园

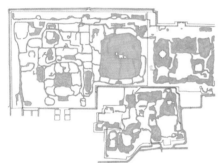

在园林理水方面，圆明园是一个很杰出的例子。圆明园的造景多以水为主题，以水景取胜。在水面的处理上，既有开阔的大湖面，又有狭窄的小河溪。

福海是园中最大的水面，寓意"福如东海"。海的中央有三个方形岛，寓意"一池三山"。"一池"是太液池，"三山"指神话中的蓬莱、方丈、瀛洲三座仙山。福海景区还有非常多的小水面回转环绕，配以叠石堆山以及各式建筑，构成小的园林空间，形态各异。福海西部是后湖景区，九座小岛环绕后湖，寓意"九州"，象征全国疆域。

由于没有颐和园万寿山那样的高山，圆明园的天际线较平，没有可以俯视全园景色的地方，理水的整体效果只能从平面图上看到。

3.颐和园

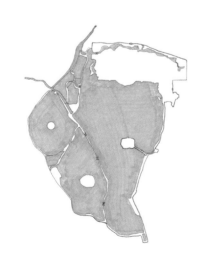

在叠山理水方面，颐和园达到了一个新的高度。颐和园的水面主要为昆明湖、后湖和谐趣园三部分。昆明湖象征太液池，南湖岛、藻鉴堂、治镜阁象征蓬莱、方丈、瀛洲三座仙山。昆明湖的前身叫西湖，对于这种大的湖泊的水面处理，《园冶》中记载："江干湖畔，深柳疏芦之际，略成小筑，足征大观也。悠悠烟水，澹澹云山，泛泛渔舟，闲闲鸥鸟。漏层阴而藏阁，迎先月以登台。"颐和园的昆明湖大气恢宏，可见"悠悠烟水，澹澹云山"的意境。颐和园后湖的水面为带状，谐趣园的水面借鉴了无锡的寄畅园。

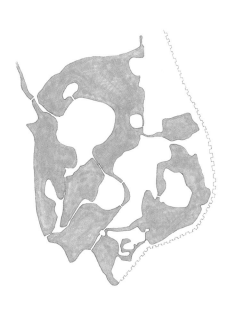

4.避暑山庄

避暑山庄东侧有一条武烈河，旧称"热河"，这条河会一路向南汇入承德的滦河。避暑山庄地处山区，汛期洪水会暴涨暴落。因此在建园之初，武烈河靠山庄一侧建有大坝，分为"里坝"和"外坝"两条，中间仅一路之隔，外坝临水，里坝上建山庄的城墙。河水流经半月湖、西湖、如意湖、澄湖、上湖、下湖、镜湖、水心榭（八孔闸）、银湖、德汇门旁五孔闸，最后流出山庄。

水心榭以上的如意湖、澄湖、上湖、下湖、镜湖自由相连，为同一个水平面。水心榭以下是银湖，出口为五孔闸。镜湖为后续扩建的湖，向南增加了一个出水口，名一孔闸。

避暑山庄水系规划藏曲有致，与环境一体，是非常成功的理水案例。

5.上海豫园

上海豫园在1956年得到了大规模修缮，目标是仿建明代嘉靖、万历年间初建的模样。因园子面积有限，计划安排的建筑元素又多，于是园中的水面基本占据了建筑、假山之外的大部分平面。就连一条主要的长廊也像桥一样，全部架设在水面上，名为"积玉水廊"。游人在廊桥上行走，可观水中鱼儿游动。这条游廊长达百米，是江南古典园林中最长的一条水廊，廊下的桥墩为一对对湖石，湖石在水面上做桥墩，别有一番情调。园中数个水池的形状乏善可陈，倒是有一个小的九龙池较为独特，九龙池周围砌有湖石，石隙间藏有四条石雕小龙，加上水中的四个倒影，就是八条龙，蜿蜒的池水平面也像是一条大龙，所以叫作九龙池。

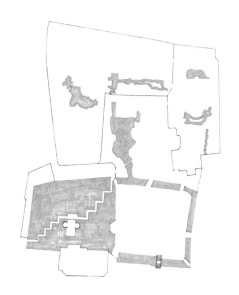

尽管豫园的水面都不大，但在设计水面时考虑到了观景，设置了三曲桥等供游人拍照景观的位置。园内有水有亭，有廊有坊，积玉峰立于廊间，玉华堂流水潆洄，全园氛围幽雅恬静。

6.杭州西湖

杭州西湖南、西、北三面环山。有学者认为：西湖原是一个海湾，由海湾演化成一个泻湖，金沙涧、龙泓涧、赤山涧、长桥溪四条溪流的地表水流入西湖，形成一个普通的、湖面呈椭圆形的湖泊。唐长庆三年(823年)，为了增加西湖的蓄水量，白居易指挥修筑了湖堤，比原有的湖岸高出了几尺。这条堤就是白堤。这里原是上湖和下源的连接之处，西湖水位本就高于下湖，白居易这一筑堤，使上下湖水位的差距更大。

宋元祐四年（1089年），苏轼第二次来杭州当官时，西湖的平均深度仅有2米，里面长了很多杂草，淤泥很多。苏东坡指挥20多万人疏浚西湖，挖出来的淤泥无法运走，于是就筑了一条南北走向的大堤，把西湖分成了西面小、东面大的两部分。这条堤就是苏堤，苏堤如今是人们游览西湖时走得最多的路，"苏堤春晓"还是"西湖十景"的第一景。长堤卧波，元代称之为"六桥烟柳"，可见古人也对苏堤十分喜爱。

7.杭州西湖小瀛洲

小瀛洲是西湖的一个湖心岛。苏轼疏浚西湖后，在湖水深处建了三座瓶形石塔，名为三潭，规定从苏堤到三潭之间不能种植菱芡，避免再次淤积。钱塘县令聂心汤用开挖的淤泥在三塔的附近筑堤围成一个放生池。明万历年间，钱塘县令杨万里在放生池外又筑了外堤，形成有环形的堤埂和放生池，放生池内还有小岛的小瀛洲。东西方向的堤与小岛相接，南北方向的堤有桥与小岛相连，整个小瀛洲平面呈一个"田"字。

小瀛洲是西湖中最大的岛屿，又名三潭印月，是西湖十景之一。小瀛洲上有开网亭、亭亭亭、迎翠亭、闲放台、我心相印等建筑。置身其间，有一步一景，步移景异之趣，因而成为西湖非常受游客欢迎的景点。

8.无锡寄畅园八音涧

八音涧的理水设计亮点在于利用水的流动产生声音，形成"园林天籁"。八音涧是理水设计的经典之作。清代康熙年间修复寄畅园时，人们把惠山的"天下第二泉"引入寄畅园。让这些泉水在一系列窄窄的沟渠中流淌。窄沟两侧是砌筑的山石，泉水经过许多个小小的跌落和转折，产生水流声响，声音曼妙，如《史记·五帝本纪》中的八音："诗言意，歌长言，声依永，律和声，八音能谐，毋相夺伦，神人以和"。八音涧全长只有36米，却是理水设计的神来之笔。

9.拙政园理水艺术

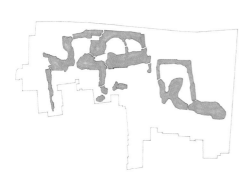

据《王氏拙政园记》记载，拙政园建园时"居多隙地，有积水亘其中，稍加浚治，环以林木"。可见苏州地下水位很高，容易有积水。王心一《归园田居记》载："地可池则池之，取土于池，积而成高，可山则山之"。造园者依地形疏浚为池，形成水体。拙政园水面面积是总面积的1/5，水面分为若干个小水面，周围设置建筑。

拙政园分为东、中、西三部分。东部原称"归田园居"，主体建筑是秫香馆。东部以环绕小岛的河流为主要水面，水中大面积种植荷花，河两岸土岸、石岸相间，垂柳、夹竹桃等植物点缀在河岸上。拙政园的水从外河道流入，但是与地下水相通，再加上应时季的雨水，使园内水体保持鲜活。

中部的水域被分为大小不同的7块。大水面中部有一大一小两座山，两山以石板桥与陆地相连，桥又将水面分割。南面的池里种植荷花，夏天在远香堂即可欣赏北面的荷花。错落有致的石岸中还有亲水石台。从位于北侧的和风四面亭南望，水面狭长。但是水面上带顶的桥梁小飞虹增加了景观的趣味性和水面的层次感。再向南，最南端是一个水阁小沧浪，水面到此结束，水从小沧浪下面流过，仿佛水流不尽。在西北面与小沧浪遥遥相望的是建于水上的见山楼。西园的池水经见山楼后面流入中部水池，水面有落差，哗啦啦的流水声不绝于耳。

西园的池底有水井与地下水相通，可以保持池水不干。冬季地下水温暖，鱼儿可安全过冬。西园北段水面呈"L"形。最北端是悬于水上的倒影楼，北段水面的范围为从倒影楼到连接留听阁和三十六鸳鸯馆的曲渡桥。南段是一条狭长的水面，接近最南端是一座塔影亭，水面两侧是曲折的石砌驳岸。

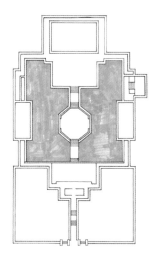

10.昆明圆通禅寺水院

昆明圆通禅寺有好几层院落，是昆明八景之一，很像一个江南水乡园林。寺内古柏参天，绿荫蔽地，仿佛是清静幽雅的山林。庭院深深，绿水清澈，经过石楼就能看到坐落在水面上的八角重檐殿，寺的主殿——圆通宝殿就建在池中，与周围建筑围合成一个水池院落，被称为"水树神殿"。圆通禅寺地下暗河交错，还有瀑布，寺庙恰好坐落在溶洞的龙骨上。大殿前的这个水面也是一个放生池。池中小岛上的建筑全名为"八角重檐弥勒殿"。小岛由南北两座石桥连接贯通，单看这里更像是江南园林，亭台楼阁小桥流水。

古典园林水面形状示意图

这组图片展示了12个园林水面的大致形状。从中我们可以看出，无论园林尺度是大是小，水面的形状都是依照园林的地形和实际情况来灵活设计的，并没有统一的模式。尤其是在尺度较小的私家园林中，设计者更关注水面形状与建筑之间的关系。因为一旦水面被建筑四面围合，水面就成了院落，这将严重影响水面的观赏性。

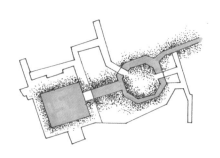

北京北海、中海、南海　　　　　北京颐和园后湖　　　　　广州余荫山房

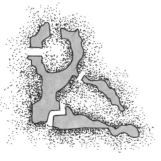

苏州环秀山庄

苏州留园

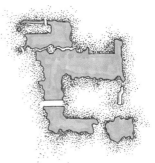

苏州狮子林

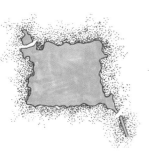

苏州网师园

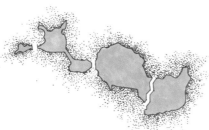

苏州怡园

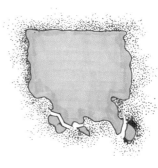

苏州艺圃

苏州拙政园中部

无锡寄畅园

北京圆明园北门内湖

园林空间布局方式

均衡有致，开合有度

没有规矩，不成方圆。中国园林虽摹拟自然、再现自然，但毕竟属人为所致，因此园林布局也讲究一定的原则，这些原则规律不尽相同。根据园林中山水、建筑、花木之间的关系，大致可归纳出以下几种园林布局方式。

合院式的空间布局

合院式布局在我国民居建筑中使用较多，从北方的北京，到晋中地区的四合院，再到皖南地区外墙高耸的庭院，都采用了四面围合的合院形式。园林中合院形式使用得较多的是北方皇家园林，皇家园林宫廷区都是主殿居中，配殿对称列于两侧，四周以高墙围合并把处于外围的门殿等建筑连接起来的形式。根据需要组成以纵深配置为主、左右跨院为辅的院落空间，形成气势宏阔、规模巨大的宫殿建筑群。但为了取得自然雅趣，建筑外檐装修极少使用琉璃，不做斗拱装饰，屋顶也多采用卷棚歇山顶或卷棚硬山顶，如避暑山庄宫廷区和颐和园仁寿殿建筑群等。另外，避暑山庄湖泊区的如意洲、月色江声也采用规整的合院式布局。

颐和园画中游正立面图

地势坡度较大，但建筑单体都能依势而筑，独立成景

苏州鹤园鸟瞰图

坐落于苏州韩家巷西口的鹤园整体布局精妙，建筑分布紧凑且富有层次。水池居中偏北，池周亭阁以小、低、透为特色，符合苏州园林的建筑特点，建筑之间夹植古树名花，与山池建筑相映成趣。

曲廊在空间组织方面起了很大的作用，使原本互不相干的建筑个体有了联系

建筑分布错落有致，在因势的基础上又尽量做到统一，八角亭和画中游就处于同一轴线上

湖山真意亭高耸山巅，这里是借望西山的最佳位置

苏州壶园（现已不存）鸟瞰图

苏州园林一般面积较小，建筑密度相对较大，只能用建筑与山水之间的空隙植树栽花

建筑多采用开敞通透的形式，以扩大景观空间

连续的画卷式布局

有些园林，譬如自然山水景观园林，园林营建者并不是一个人，建造时间也不在同一时间，因此没有统一的规划设计，以一泓清池或峻山秀峰而展开布景，根据特有的山势水形而形成画卷式的园林风景。如位于扬州西郊的瘦西湖，沿湖两岸树木葱茏，景色优美。清代乾隆年间，扬州商人为迎奉皇帝南下，纷纷沿湖两岸建楼筑台，形成"两堤花柳全依水，一路楼台直到山"的格局。两岸大大小小的园林以水面作为共同的空间，因水相通，互为因借，构成一处集锦式的滨水园林群落。从水道东侧的天宁寺御码头下船，沿河西行，水边一组朱栏草顶的水榭长廊，便是冶春园、卷石洞天及绿色满园的盆景园。穿过大虹桥，沿堤杨柳依依，粉红娇艳的桃花穿插其间，这就是有名的长堤春柳和桃花坞。长堤尽头有徐园，穿过徐园，站在精巧的木制小红桥上，西侧的湖面骤然宽广起来，远处五亭桥和白塔的美丽身姿已入眼帘，下桥即可踏上湖心岛小金山。站在小金山西侧的开阔平地上，可以看到瘦西湖最美丽的景色，远景是白的塔、黄的桥，近景是湖上草堂，中景则是状如野鸭的凫庄。由这里继续西行，便是瘦西湖最具历史价值的二十四桥景区，再向北可直至蜀岗脚下。

这种画卷式的空间布局在皇家园林中也能看到。如颐和园后河的苏州街，仿江南水乡城镇依水而建。沿河两岸酒楼、茶馆、钱庄、当铺、染坊、书肆、糕点铺等比比皆是，旌旗飘飘，前临水，背靠山，一路走来既能欣赏到湖光山色之美，又能体验到江南市镇繁华热闹的景象，是园内较为别致的一处景观。

画卷式的空间布局把各种景物集中在同一画幅中，游人可以按照一定的观赏路线前进，随着视野的变化，景物不断变幻，如一幅精美的画卷次第展开，在动态的观赏中，获得一种连绵不绝的观赏体验。

苏州拙政园局部鸟瞰图

拙政园各局部水面均较狭长，两岸布置亭台楼阁，与瘦西湖画卷式布局有些相似

两岸建筑不全做对称式布置，以取得多角度、多方位的观景效果

递进式空间布局

所谓递进式也可称为递升式，这就要求园林基址的地势有所起伏，对于平坦的地段或水景园来说显然是不可能的，因此这种布局方式仅限于山地园。北海濠濮间以及苏州拥翠山庄都是这种类型，但二者又有所不同。濠濮间是在山体侧面展开，建筑的趋向依山势而定，建筑之间又以匍匐向上的爬山廊连接，从而形成一脉贯通的气势。拥翠山庄依虎丘山而建，园基平面近长方形，面积1亩（1亩≈666.67平方米）有余。剖面为阶梯状，共分四层，依山势逐层升高。南端的抱瓮轩，主体建筑灵澜精舍以及其后的送青簃处于同一轴线上，前后呼应；中部月驾轩、问泉亭一带布局自由灵活，问泉亭处于园中心的平台上，体积有过大之嫌。由问泉亭小院内的假山蹬道可达西北的月驾轩，与亭做不对称布局，亭东南的拥翠阁建在山路旁，位于主体建筑中轴线以外。由此可见拥翠山庄在结合地形的同时尽量讲究对称，对称之中又暴露山形特点，整体上仍呈现出层层逐升的特点。

里应外合式空间布局

中国传统建筑多采用背朝外、面向内的布局，给人一种向心内聚的感觉。这种园林布局的特点是园中心设池，建筑沿池周边布置，形成一个相对集中、开阔的庭院空间，这种例子在江南私家园林中多有应用，如苏州的鹤园、畅园、怡园等小型的园林。不过对于一些山地建园的园林，则不宜采取园中开池的方式，这时候就需要结合具体环境恰当处理园中山水与建筑的关系。苏州沧浪亭在这一点上处理得很好。沧浪亭布局以山为主，主要水面在园外，建筑环山构筑。建园者考虑到园外有一弯清流，为弥补山地园少水景的缺憾，临池建面水轩、方亭观鱼处，轩、亭之间以复廊连接，廊壁开各式漏窗以沟通园内外景色，把园外的水与墙内的山连成一气。像沧浪亭这种园内园外景色没有明显的界限，利用廊或门窗把园外自然风景最大限度借入园内的布局方式，被称为里应外合式空间布局，或内外结合式空间布局。这种构造方式往往会引起游人的兴趣，使观赏者迫不及待地想要进园一睹为快。

灵活自由的空间布局

建筑总是从物质功能和精神功能两方面来满足社会的需要。任何形式的建筑都象征一种意念，代表着一种社会精神。博大宏阔的宫殿建筑体现的是封建社会君主至高无上的权力与威严；庄严肃穆的寺庙建筑象征着佛国世界的神圣不可侵犯；朴素简单的民间住宅所营造的宁静亲近的环境氛围正是人们安居乐业的反映。而精致灵动的园林建筑是最具观赏性和艺术感染力的，它所追求的是诗情画意般的意境，这就决定了园林建筑的布局应灵活自由，不被清规戒律所牵绊。事实上园林布局大都以自由灵活为指导原则，但在具体的建筑布置上，往往会呈现出一些明确的构图方式，诸如前面提到的合院式、递进式、里应外合式等。不过有些园林布局确实并没有任何事先规划，完全按照地势搭建亭台楼阁，大小园林都可以采用这种布局方式，如承德避暑山庄、山西晋祠、嘉兴烟雨楼等。这种布局方式不受任何理论原则的指导，是最容易，也可能是最不容易的一种布局方式，同时也是最能体现"本于自然、高于自然"造园思想的。

苏州艺圃因庭院面积较小，假山水池布局都很紧
凑，以水池为中心

虎丘景观示意图

园林根据虎丘山的地势布置，因地制宜。

苏州留园石林小园

石林小院，平面为长方形，布局方式很有特点，以主庭院为
中心，其他小空间景致因势而置，处理手法也各有特色。

石峰是院中的主体
景物，也是各个空
间的布置重点

门窗将各个空间的
景物连成一气

避暑山庄烟雨楼，所有建筑均集中在青莲小岛上，四周碧水环绕，形成水景环绕庭院的布局

无锡寄畅园以水景为主，却不像苏州园林那样沿池布置建筑，只在水池两岸
设两三个小亭、水榭用于观景，从而把水面的开阔清幽展现得淋漓尽致

苏州网师园是典型的以水池为中心、亭台楼榭环绕池周的布局，其特点是尽量把建筑集中，在占用较少
空间的情况下，创造出更为丰富的园林景观

苏州留园冠云峰庭院鸟瞰图

园林空间的布局不仅要考虑到整体建筑、山水的配置，具体到每个小院落、小景点同样需要精心设计，不只因为它们是园林整体空间的组成部分，更重要的是，一座园林可能因一处或一个优美精致的小景点而得到升华。苏州留园冠云峰庭院就是一处这样的小园林。

以廊代墙，丰富了空间层次，扩大庭院的空间感，使建筑琳琅的庭院没有局促狭隘之感

林泉耆硕之馆，在缤纷绚丽的园林景观中，总会有一两处幽僻、安静的空间，是供游人放松身心的场所

冠云楼高高居中，楼的体
量适中，与冠云峰相呼应

冠云峰作为院内的主体景
物，本身造型非常吸引
人，为了突出主题，将其
安排在院内最容易被看到
的位置

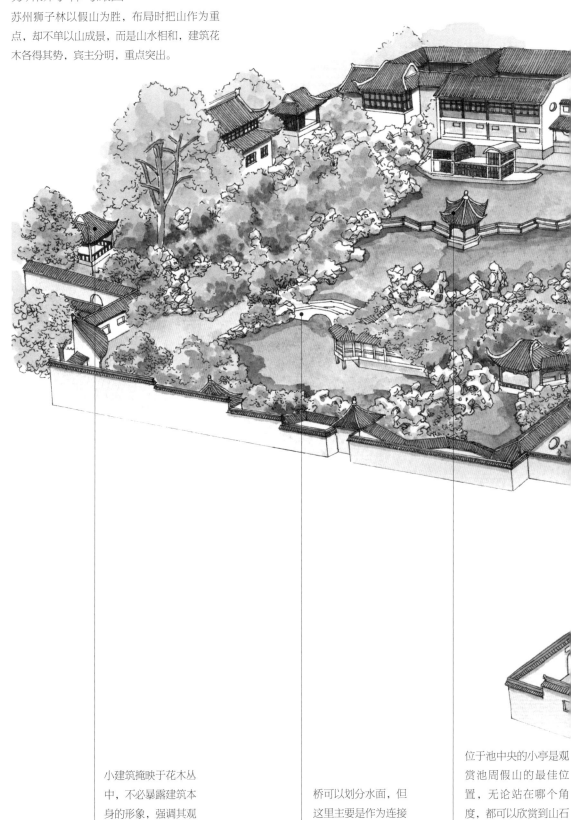

苏州狮子林鸟瞰图

苏州狮子林以假山为胜，布局时把山作为重点，却不单以山成景，而是山水相和，建筑花木各得其势，宾主分明，重点突出。

小建筑掩映于花木丛中，不必暴露建筑本身的形象，强调其观景作用

桥可以划分水面，但这里主要是作为连接交通的道路

位于池中央的小亭是观赏池周假山的最佳位置，无论站在哪个角度，都可以欣赏到山石奇景

园中叠山，峰峦起伏，有
群狮狂舞的意趣，但又
呈现自然的景致，山体不
高，布局紧凑

住宅厅堂自成一区，
不与园林景观混合，
但又透过廊或墙壁上
的漏窗相互沟通

高大建筑退后，留出空间
布置山水景观，不以建筑
作为园中障景

颐和园万寿山须弥灵境鸟瞰图

建筑无论大小、形制如何，全暴露在外

佛香阁是前山排云殿建筑群序列的高潮，也是后山须弥灵境建筑群的背景

满山的绿树把山体完全遮盖起来

图说园林
解读中国园林的美与巧

园林中的高低错落不仅为地势所致，也可用建筑塑
造，比如亭子这种形制简单的建筑，可建在山顶、
池畔、墙上、花木丛中，只要布置得当，就可以创
造出不一样的园林景观

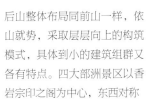

后山整体布局同前山一样，依
山就势，采取层层向上的构筑
模式，具体到小的建筑组群又
各有特点。四大部洲景区以香
岩宗印之阁为中心，东西对称

汉式的殿堂建
筑在整个序列
的第二层次

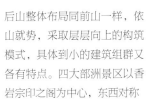

园林铺地

脚下生花

园林作为游赏之地，建筑、山水、花木等无不精心营构，给人以赏心悦目之感，就连脚下所踏的地面，尤其是游人活动较为频繁的地方，都要装点设计、用心铺就，这就是所谓的铺地。铺地有室内铺地和室外铺地两种类型。房屋的室内为了减少地面起土和防潮，通常都要铺设水磨石方砖，洁净、方正、细密，有极强的装饰作用。皇家建筑的室内地面，有的甚至用金砖墁地，光润平整，不滑不涩。从现代的审美角度来看，砖铺地远不如木石地板雅观、敞亮，况且砖石多吸水，并不利于防潮。

室内铺地分为实铺和空铺两种。实铺是在夯实的地面上铺上砂石，再于砂上铺方砖。空铺的做法是在方砖下砌砖墩或地龙墙，主要是为了达到防潮的目的。但因较费工时、材料，又不能承受较大的集中负荷，所以很少采用。

室外铺地多用普通材料和废料，如用碎石、卵石、残砖、瓦片、缸片、瓷片铺成丰富多彩的地面和道路。具体的铺设手法多样，有纯用砖瓦铺设的席纹、人字纹；以砖瓦为界线，用各色卵石及碎瓷片铺构的六角、套六角、套方纹；以砖瓦、石片、卵石混合铺砌的十字灯景、海棠花纹、冰裂纹；以卵石、残瓦混铺的芝花、套钱等纹；还有用色彩鲜艳的材料铺成的动植物图案，精致活泼。

铺地以江南苏州一带最为著名，被称作花街铺地。其他园林也有各式铺地，但都不如苏州地区丰富。明清皇家苑囿在大量使用方砖、条石铺地的同时，受江南园林的影响，也在园径两旁用卵石或碎石镶边，形成主次分明、庄重而不失雅致的地面装饰效果。

扬州瘦西湖白塔前的铺地是用白色和暗红色两种卵石构成的回字纹，形式简单，却也不失美观

网师园冷泉亭前的铺地，在扇形的轮廓中砌出荷花、荷叶的图案，十分漂亮

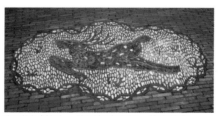

卵石尺寸较小，使用起来方便，能砌筑各种图案

苏州网师园以碎石和瓦片砌成的仙鹤铺地

无锡蠡园八角亭周围暗八仙铺地

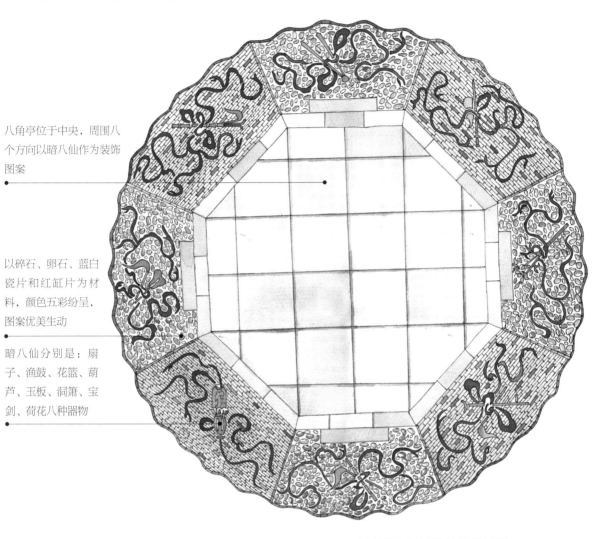

八角亭位于中央，周围八个方向以暗八仙作为装饰图案

以碎石、卵石、蓝白瓷片和红缸片为材料，颜色五彩纷呈，图案优美生动

暗八仙分别是：扇子、渔鼓、花篮、葫芦、玉板、洞箫、宝剑、荷花八种器物

上海豫园攒六方铺地

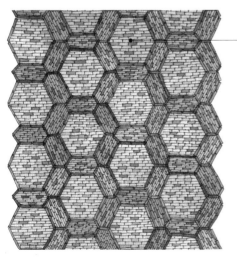

苏州狮子林万字芝花铺地

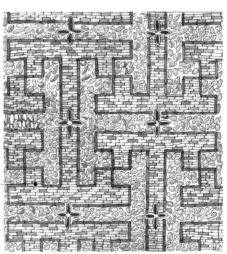

以砖瓦为界组成攒六方纹，用暗红、灰黄形成色彩对比

狮子林铺地充分利用薄砖和卵石的质感差异、色泽上的对比效果，精心配置，组成万字芝花图案

植物配置

花木相辉，姿态入画

园林的构成要素——山花落自然

从园林一词的组成来看，"园"中要有"林"，园中无林，则不能称之为园林。园林又称花园，可见也离不开"花"字。花木是园林景观的构成要素，有山水必有花木。缺少了花木的点缀衬托，建筑、山水则会没有生机，少了自然之趣。宋代郭熙在《林泉高致》中说得好："山以水为血脉，以草木为毛发……故山得水而活，得草木而华"。山因有了水而充满活力，因有了草木而生机盎然。同样的，园林中山水、花木、建筑也是相辅相成的。

园林空间清新雅致，是人们陶冶情操、修身养性的场所。园林能够为人们提供适宜的气候、安静且美好的环境，这些都离不开园林中数量庞大的绿色植物的作用。绿色植物具有调节小环境的气候、保持水土、过滤灰尘、净化空气、吸收噪声等作用，水生植物(如莲、荷、芦苇等)还有净化水体、改善水质等功能。此外，科学研究表明，有些植物的花香对提神醒脑大有裨益。无疑，植物对园林生态空间有着不可替代的绿化作用，是园林优美环境的制造者。

花木的姿态同样具有很强的感染力

观花类植物，色彩无疑是关键

花木是园林中最能传情之物。不管是孤枝独秀，还是成片成林，是虬枝枯干，还是新叶扶疏，姿态都要自然，具有诗情画意。以花木为主题的组合是园林中最能打动人心的景观

花木的种类——千姿百态入画来

中国幅员辽阔，气候类型多样，植物种类丰富。园林中以观赏类植物居多，单从观赏角度来分，园林中的花木大致可分为以下八类。

观花类花木，以花朵为主要观赏对象，如梅花、菊花、桃花、桂花、山茶花、迎春花、海棠花、牡丹花、芍药花、丁香花、杜鹃花等。这些植物大多有着美丽的色彩、美艳的姿态或美妙的芳香，有时人们还赋予它们美好的寓意，如牡丹象征富贵、桃花代表着爱情、海棠象征团圆。观花类植物多成片种植，形成园中特定的观赏区，或植于厅堂前的空地上供人观赏。如扬州瘦西湖玲珑花界专设花圃种植芍药，每年仲春时节，细雨过后一朵朵、一丛丛、姿容艳艳、体态轻盈的花朵竞相开放，把瘦西湖的春天扮得分外妖娆。

观果类花木，以果实为观赏对象，如枇杷、橘子、无花果、南天竹、石榴等。枝头灼灼的花朵展现出生命绽放之美，而枝头累累的硕果则让人感觉到生命的沉淀之美。花木之果，不仅可观，还可以品尝，真正做到了"色、香、味"俱全。岭南地区是四季飘香的花地，也是水果之乡，因此栽种果树便成了岭南园林的一大特点。东莞可园"擘红小榭"前庭院就是以荔枝、龙眼等果木作为主要景物，枝柯粗壮的荔枝浓荫蔽日，创造出幽邃宁静的庭院氛围。夏日炎炎之时，可于绿荫下乘凉小憩，品尝新荔，其甜润清凉沁人心脾，于口于心都是一种享受。

观叶类花木，如黄杨、棕榈、枫、柳、芭蕉等，以植物的叶形、叶态、叶姿为观赏对象。以柔媚多姿的柳树为例。柳树枝叶修长纤弱，倒垂拂地，风情万种，《花镜》中载："虽无香艳，而微风摇荡，每为黄莺交语之乡，吟蝉托息之所，人皆取以悦耳娱目，乃园林必需之木也。"柳树生命力极强，南北园林都可栽植，尤其适宜种在水边。园中有水的地方就有它袅娜的身姿，"河边杨柳百丈枝，别有长条踠地垂。"烟花三月漫步湖堤，柔柔嫩嫩的柳枝轻拂水面，与粼粼水波相依相偎，微风过处翩翩生姿，如烟似雾，仿若翠浪翻空，妖媚动人。

树冠繁茂有浓荫的植物，如梧桐、香樟、银杏、合欢、皂荚、枫杨、槐树等。有时园林为营造清幽静谧的空间氛围，常常借助一些枝繁叶茂的树木来加强这种感觉。这类树木的基本特征是高大粗壮、枝叶繁茂，以巨大的树冠遮出成片的浓荫。无锡寄畅园荫翳幽深的园林空间得益于园内几棵老香樟树，尤其是园中部和北部的绿色空间，香樟起着举足轻重的作用。它以浓绿的色调赋予了沿池亭榭生机活力，共同荫庇园内中北部的生态空间。又如嘉兴烟雨楼月台前的两棵银杏树，树体高大，伟岸挺拔，一年四季都有景可赏。据说这两棵古银杏树已有四百多年的历史，至今虬枝劲干，枝叶婆娑，风韵盎然，是烟雨楼几百年沧桑风雨的历史见证。

松针类植物，如马尾松、白皮松、罗汉松、黑松等。松树为常绿或落叶乔木，少数为灌木，生长期长，因此受到皇家园林的青睐，用以表达封建帝王期望江山永固的愿望。颐和园东部山地上自然随意地点种着各种松树，气势森然，让人一进园子就有苍山深林的感觉。避暑山庄松云峡、松林峪有茂密苍劲的松林，构成莽莽的林海景观，长风过处，松涛澎湃犹如千军万马组成的绿色方阵，声威浩大，其他园林中也有许多类似的"听松处"。

藤蔓类植物，如紫藤、蔷薇、金银花、爬山虎、常春藤等。藤蔓类基本上都是攀缘植物，必须有所依附，或缘墙，或依山，形成一种牵牵连连的纠缠之美。

竹类植物，如象竹、紫竹、斑竹、寿星竹、观音竹、金镶玉竹、石竹等。中国古人向来喜欢竹，赋予了它许多美好的寓意，它修长飘逸，有翩翩君子之风；干直而中空，代表秉性正直，品性谦虚；竹节毕露，竹梢拔高，可喻高风亮节。这些都是古人崇尚的品质，与文人士大夫的审美趣味、伦理道德意识契合。古人爱竹，爱得真诚，爱得坦然，是个人品性的一种自然流露。魏晋时期，有因竹而盟的竹林七贤；宋代苏轼在《于潜僧绿筠轩》中说："宁可食无肉，不可居无竹。无肉令人瘦，无竹令人俗。"

叶梦得在《避暑录话》中说："山林园圃，但多种竹，不问其他景物，望之自使人意潇然。"园林中竹的身姿随处可见，山麓石隙，池畔溪边，楼下厅旁，花间林中，几乎处处可生。竹石相配是园林中最经典、最传统的组合之一。苏州沧浪亭园内有竹子20多种。看山楼北部曲尺形的小屋翠玲珑前后，绿竹成林，枝叶萦绕，是园中颇具山林野趣之景。

水生植物，如莲、荷、芦苇等。水池中种植莲荷是古典园林的传统，所以园林中常把中心水池称为荷花池。荷花出淤泥而不染，花洁叶圆，清雅脱俗，与水淡远的气质相通相宜。

园林中的花木不但可观，还可听。通过雨打花木枝叶，借听音乐韵味。古人造园常在厅前堂侧植以荷花、芭蕉，以倾听雨水敲打叶面发出的美妙动听的乐声。芭蕉叶大如伞，姿态优美，多植于窗前墙角，每有雨天，雨点滴落芭蕉叶所发出的声音，如山泉泻落，令人心动。苏州拙政园听雨轩小院，在轩前山石间夹植芭蕉数株，创造出"夜雨芭蕉，似杂鲛人之泣泪"的意境。芭蕉、荷叶遇雨出声，而松树、竹子则需要风的帮助，可利用风吹花木枝叶，借听天籁之音。广东清晖园有竹苑一景，景联题曰："风过有声留竹韵；月明无处不花香"，恰当地描绘了此处的意境所在。

中国古典园林中的植物造型以自然为主，不像西方古典园林那样加入过多的人为干预，重在植物习性与地势的和谐统一，宜花则花，宜木则木，突出自然的参差之趣。例如避暑山

红花还需绿叶的陪衬

疏影横斜给人们留下更多的回味空间

花团锦簇表现的是一种绚丽

累累硕果不只是视觉上的享受，同时还刺激着人们的嗅觉和味觉

庄，在广达400多公顷的山川中植被覆盖率极高。北部平原区芳草如茵，一望无际；东南部湖泊区莲荷田田，波光影动；西部和西北部的山林区苍松劲柏，蓊郁森然。整座山庄被浓郁热烈的绿色包围，自然情趣愈加突出，为清代皇帝提供了一个极好的避暑消夏的自然之所。

同一园林中，花木的搭配还要注意季相的变化，既要有春季的桃李、迎春，又要有夏季的睡莲、荷花，秋季的菊桂、枫林，还要有冬季的松竹、寒梅。

有些植物花、叶、果都可以是观赏的对象

灌丛状的仙人掌很有观赏价值

婀娜多姿的柳树与水柔媚的气质十分相合

京西海淀礼亲王花园示意图

群植，成片成林地种植同一种树木。它的特点是能形成莽莽林海的自然景观，另外还可以遮盖园林中不美观的地方，同时为游人提供阴凉

丛植，三株以上同种或几种树木组合在一起的种植方法。如果是同种植物，则要求姿态各异，同中求变；如果是不同种植物的组合，则灵活、自由得多，乔木和灌木、观花类和观果类、常绿和落叶等都可以组合

对植，指左右、东西、前后相对而植，可以是同一种类的花木，也可以是不同种类的花木，目的是追求一种平衡感

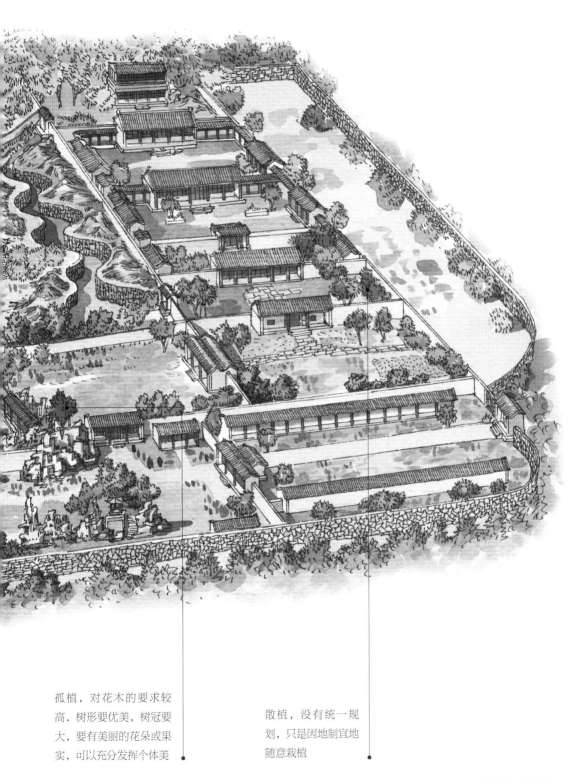

孤植，对花木的要求较
高，树形要优美，树冠要
大，要有美丽的花朵或果
实，可以充分发挥个体美

散植，没有统一规
划，只是因地制宜地
随意栽植

扬州汪氏小苑后花园平面图

东北角内种植女贞。女贞，木樨科，常绿灌木或乔木，初夏开花，花白色，为常见的庭院或绿篱树种

南天竹是小花园内西北侧的观赏焦点。南天竹，也称南天竺，常绿灌木，可观叶，小叶椭圆状披针形，冬季常变红色，春夏时节又能观花

小花园的东南角是冬季开花的蜡梅。蜡梅花香浓郁，黄色带有紫褐色的花蕊，在萧瑟的冬日为小园增添了几分暖暖的气息

竹类四季常绿，适应性强，中国南北方园林中都有种植

厅前堂侧的花木最好与厅堂主题相呼应

不同种类的花木组合成景

有的植物的地域性很强，像这种高大的常绿植物只有在亚热带或热带才能看到

牡丹是园林中常见的植物，花美、味香并且有着美好的寓意，颇受人们喜爱

成片的高大植物适合营造清幽的环境

诗情凝结，
画意怡然——
园林的文化意蕴

园林是一种艺术，是一种文化。山川草木为实物，以心造境，应心于手，是一种虚境，虚实之间，是一种只可意会不可言传的高深意像。园林的文化意境就存忽于虚实意趣之间。

园林文化

文心画境

园林作为一门艺术，同其他艺术形式一样，在其发展过程中，诸如经济、文化、政治等方面的因素都会给园林艺术的发展带来或多或少，或积极或消极的影响。这种外在因素与园林艺术本身的内在特性相结合，经过长期的历史积淀，逐渐衍生出了隐藏在物质建构背后反映社会心理、传统价值观念、哲学意识、伦理道德、文化心态、审美情趣的内涵，这些都可以称之为园林文化。中国古典园林与文学艺术的关系是园林文化的主要构成形式，从来没有一种建筑形式像中国古典园林一样能把文学、书法、绘画等艺术形式融合得如此生动自然，如此浑然一体。

园林与古代诗词

诗词与园林的关系，重在赋予园林景观一定的感情色彩。古典园林常常大量摄取古典诗词情境置景。徜徉园中，细细咀嚼品味，犹如徜徉于古代诗文中，给人以无尽的回味。园林中的楹联、匾额不仅能起到点景、标示的作用，还提升了赏游的趣味，增添了园林的文学气息。

园林楹联其实是由山水风景诗发展而来的，有的直接引用古人的诗赋名句。如苏州拙政园雪香云蔚亭南柱楹联："蝉噪林愈静；鸟鸣山更幽"，联语取自南朝诗人王籍《入若耶溪》之句。雪香云蔚亭居于池中小岛的土山上，四周枫、柳、松、竹环绕，此联恰当地描绘了这里安谧、幽邃的环境。有时园景楹联不直接取自同一首诗，而是集不同诗人的诗句于一联，称集句联。苏州沧浪亭石亭柱联："清风明月本无价；近水远山皆有情"，其上联出自欧阳修的《沧浪亭》，歌咏沧浪亭的自然美景；下联出自苏舜钦的《过苏州》，描写沧浪亭借景之美。两联对仗工整，平仄声韵也很相对，配合得天衣无缝。还有一种楹联是借用诗景重新组合文字成联。如苏州留园林泉耆硕之馆屏对："餐胜如归，寄心清尚；聆音俞漠，托契孤游"，与陶渊明的《扇上画赞》诗"美哉周子，称疾闲居，寄心清尚，悠然自娱……缅怀千载，托契孤游。"所抒发的情致相同，都表达了文人士大夫寄心自然、啸傲山林、清高儒雅、企羡隐逸的思想情趣。

一副好的楹联不仅读起来朗朗上口，文辞优美，还有美好的寓意，因此很多楹联本身已成为园林中重要的景观。如昆明滇池岸边大观楼门前长联，上联是："五百里滇池，奔来眼底，披襟岸帻，喜茫茫空阔无边，看东骧神骏，西翥灵仪，北走蜿蜒，南翔缟素，高人韵士，何妨选圣登临。趁蟹屿螺洲，梳裹就风鬟雾鬓，更蘋天苇地，点缀些翠羽丹霞，莫辜负，四围香稻，万顷晴沙，九夏芙蓉，三春杨柳"。下联是："数千年往事，注到心头，把酒凌虚，叹滚滚，英雄谁在，想汉习楼船，唐标铁柱，宋挥玉斧，元跨革囊，伟烈丰功，费尽移山心力。尽珠帘画栋，卷不及暮雨朝云，便断碣残碑，都付与苍烟落照，只赢得，几杵疏钟，半江渔火，两行秋雁，一枕清霜"。

这副楹联产生于清乾隆年间，作者是当地寒士孙髯。全联共180字，是中国第一长联。上联用简洁凝练的语言描绘出滇池诗画般的风景，下联又以凄婉悲凉的笔触，道出仕途没落忧国忧民的心情。长联的问世，使大观楼声名远播，为大观楼增添了无限意境，是大观楼著名的文化景点。

园林中与古典诗词密切相关的元素除楹联以外，还有各种匾额。匾上的题刻文辞典雅，寓意深刻，有的是点景，有的是寓意，有的陶冶情操，有的烘托景象。字体或为苍古遒劲的隶篆，或为笔走龙蛇的行草，雕刻技法再根据字体以阳刻或阴刻的方式表现不同的艺术效果，小小的一方门匾就集合了雕刻、书法、文学等多种形式，深化了园林空间和艺术氛围。

园林与文学典故

园林中的景观虽然强调自然之趣，但都是造园者有意识、有规划的精心设计，根据理想中的构图加以命名，这些景名或是有着美好的寓意，或是有着深厚的文化内涵，总之都未脱离中国古典文学。造园者用诗一样的文学语言摹物写景，广泛采用象征、比喻、拟人、双关等艺术手法，将审美意象客观化、对象化，转化为景观传神写照。

避暑山庄中有康熙所题四字景三十六处，乾隆所题三字景三十六处，合称避暑山庄七十二景。如"香远益清"三面临湖，夏季绿萍浮水，清香阵阵，秋季秋菊荷花开放，争艳斗妍，清风徐徐，醉人的花香掺杂着湖中水草淡淡的香气扑鼻而入，让人倍觉神清气爽，有一种超然物外的缥缈感。康熙皇帝为此景题名香远益清，正是把这种直观的嗅觉感受上升为客观的心理感受的过程用语言提炼出来。圆明园的"万方安和"则是这里卍字形建筑形式的精炼概括。有些景观意境在园林中一再重复，成为园中最具文化传统和最有人气的景点。如与东晋书法名家王羲之紧紧相关的曲水流觞，反映庄周超然淡泊理想的濠濮间，歌咏士大夫看破红尘、脱离尘世扰攘的沧浪之歌等，都是园林中几千年来经久不衰的传统景观，通过客观的物象(山水、建筑等园林要素)将抽象的文化元素表达出来，从而营造出浓郁的文化气息。

文学的加入，使园林景观更为生动，更能传情达意。原本只是一些土木的物质形态组合体，却靠只言片语传达出了园主的某种感情与理想

园林中的文学形式多种多样，匾额是最常见的一种形式，言简意赅、一语中的是其主要特点

昆明大观楼以天下第一长联而著称，有声、有色、有情，气势磅礴

书画是园林室内重要的装饰品，它
是园主人品性、爱好的体现

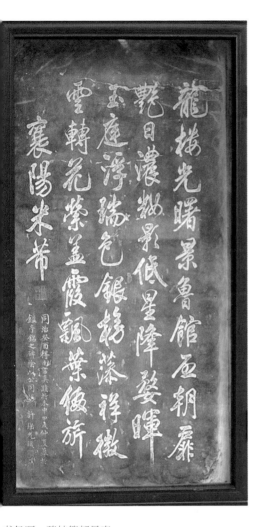

书条石、碑帖等都是表现书法艺术的独特形式

楹联与匾额一样对园林景观起着点题的作用

苏州虎丘拥翠山庄灵澜精舍柱联："水远一湾幽居足适；花园四壁小住为佳"，精辟地概括出四周景观

园林建筑中的室内陈设也能体现园林与书画的亲密关系

园林与古代绘画

如果说，文学的加入是对园林的一种补充和修饰，那么绘画，特别是山水画，则是决定园林发展的一个因素。宋代时，山水诗、山水画、山水园林互相渗透的密切关系已完全确立。中国古代绘画以写实和写意相结合的方法表现出文人心目中的理想境界，即"对景造意，造意而后自然写意，写意自然不取琢饰"的道理。与之息息相关的园林艺术也明显带有中国绘画作品中的艺术特点，最终导致中国古典园林发展成为集观赏、游乐、休息、居住等多种功能于一体的特殊场所。

园林中的叠山理水更是以画理为根据。扬州个园的四季假山便是对宋代郭熙"春山澹冶而如笑，夏山苍翠而欲滴，秋山明净而如妆，冬山惨淡而如睡"画论的最好诠释。中国造园史上出现过许多造园名家，他们多精通画艺，能以画论叠山置景。扬州片石山房的假山为明代画家石涛叠石的"人间孤本"，明代北京的勺园、湛园、漫园三园的园主即为米芾后裔，是当时有名的画家米万钟。清代三山五园之一的畅春园由山水画家叶洮规划设计，叠山名家张然叠石。古代绘画大师不仅亲自参与造园活动，其作品也常常成为堆山叠石的构图蓝本。如承德避暑山庄的万壑松风直接取景于宋代画家李唐的《万壑松风图》，苏州狮子林模拟倪瓒的《狮子林图》。

园林在景观的布置上常常会用到一些取景手法，诸如框景、对景。框景就是透过特意设置的"门窗"去看园景，把山石花木框入其中，宛若一幅天然的图画。透过洞门或竖长形的空窗，人们看见的景色仿佛是一幅条屏，由上至下，画面产生变化；而从横向的空窗或是长廊的两柱之间看去，会产生手卷一样的横构图感觉，像是宽银幕的画面，让人左右回顾；各种各样的漏窗又会像一个个扇面图画，有团扇、羽毛扇、蕉叶扇等各种构图形式；更有趣的是透过长廊上形状各异的什锦窗看风景，边走边看，一幅一幅连续的画面，很像一幅幅打开的册页。

假山洞穴同样能框景

绘画的内容也是园林模写的对象，于是
中国画论的内容同样用到了建园造景中

精致的园林景观俨然一幅山水画卷

大块的黄石砌成山石蹬道，
体现了中国画论中"秋山宜
登"的特点

名人故事、文学典故是园林造景的主要题材

园林意境

有形之情，无声之韵

中国古典园林追求意境美，那么到底什么是意境呢？王昌龄的《诗格》中有三境之说："物境、情境、意境"，也有人称之为"生境""画境"和"意境"，讲的是意境美的过程，即由客观的"物境"，进入主观的"情境"，然后再引发创造出理想的"意境"。由此看来，意境是从客观具体的自然物质形态中提炼出来，经过文化艺术的加工，上升到具有艺术美的"情境"，再通过触景生情，达到理想美的"意境"。"境"在古汉语中是指一定的范围界限。前面加上"意"字，就有了更高的境界，强调的是心灵的感染力。

古典园林中的观赏点，能使观赏者综合感受景色美的意境。清代文人在《秋日游四照亭记》中说："献于目也，翠漪澄鲜，山含凉烟。献于耳也，离蝉碎蛰，咽咽喁喁。献于鼻也，桂气晻蔼，尘销禅在。献于体也，竹阴侵肌，疴痒以夷。献于心也，金明莹情，天肃析醒。"这段描述十分形象，描写出了秋日坐在园林中的综合感受：眼睛可以看到湖水涟涟，林木青翠，烟云缭绕；耳朵可以听到秋蝉合奏般的鸣唱；鼻子闻到桂花的香气，使人萌发禅心；身体在竹荫下小憩，感到舒适，疲惫扫光；整个人沉浸在这荡漾夺目的闪光水色之中。

古典园林的精髓，在于将中国诗词中常用的字眼，如徘徊、流连、周旋、盘亘等，用具体的建筑语言表现出来。在这种特有的建筑空间中，中国哲学书籍中常用的来回、往复、无往不复、周而复始等抽象的字眼，也得以通过园林艺术在实际场景中体现。在儒家看来，

大自然山林川泽之所以会引起人们美的感受，在于它们的形象能够表现出与人的高尚品德类似的特征，使人将大自然的某些外在形态、属性与人的内在品德联系起来。孔子说："知者乐水，仁者乐山。知者动，仁者静。"知者何以乐水，仁者何以乐山呢？因为水的清澈象征人的明智，山的稳重高大象征人的敦厚。"虚怀若谷"就是一种非常恰当的比喻，把人开阔胸怀的比作深远的山谷。

中国古典园林注重意境构思，注重虚实结合、动静结合，期望达到情景交融、物我同一的境界。譬如园林中常见的雨打芭蕉小景，正是借助一丛芭蕉和雨声，创造出一片安然、悠远的物境，引出超俗恬淡的心境

园林中的动物为环境增添了自然野趣

客观的物象首先要冲击到人的视觉、听觉或嗅觉，这种感观的美一旦通过概括、提炼、赋予和点染，就会上升到情与景相互交融的境界，即情境。以情看景，赋予自然之物以人性，是中国古人游园赏景的传统习惯。《世说新语》中记载，南北朝时期梁朝简文帝游华林园时，感叹道："会心处不必在远，翳然林水，便自有濠濮间想也，觉鸟兽禽鱼，自来亲人。"只要人与自然保持和谐亲近的心态，不必跋山涉水隐逸到远山深林中，只需按自己的喜好构筑与自然万物息息相通的一方天地，同样可以与自然进行对话，达到天人合一的境界。颐和园昆明湖东北岸乐寿堂的正门附近，临湖有一间敞轩，是当年慈禧从园内下水游览湖光的必经之处，这里水光潋滟，花木葱茏，以"水木自亲"为名，巧妙地点出了游人于此赏景时那怡然自得的愉悦感。

中国古典园林中的客观物象总是在有意无意地传情达意，与游人的审美心理相切合，图为上海豫园一角

没有了"接天莲叶无穷碧"的景象，留这满塘残荷，可以与某些寂寞的心共听雨声

后记

园林是中国古代建筑中的精华，因此对于读者来说，了解中国园林的建筑与文化特点就显得很有必要。我想假如能编撰一本以图为主、简明文字为辅的介绍园林历史及一般设计规律的书，对于想了解园林的人来说，还是值得阅读的。

有人说，中国古典园林看多了，都差不多，似乎是有一些同质化的感觉。其实经典的传统园林各有个性，往往每个园子都有一个突出的主题。园林不仅是供游人看的，更是供游人赏的。中国园林是慢生活的产物，适合慢生活的节奏。只有在慢节奏中细细品赏，才能和园林设计者的理念契合，才能真正理解园林的意蕴。

古籍中有《园冶》《长物志》《闲情偶寄》等园林方面的书籍，对古代造园的思想和方法进行了指导和总结。晚明造园家计成写的《园冶》成稿于崇祯四年（1631年），是一部中国古代造园专著，在中国园林史上具有不可替代的地位，也是理解中国古代造园理法的必读文献。文震亨撰写的《长物志》成书时间是1621年，也是晚明时期。他是明代大书画家文徵明的曾孙，平时游园、咏园、画园，也居家自造园林。与《园冶》一书不同的是，《长物志》更多地注重于对园林的玩赏，《园冶》更多地注重于园林的技术性问题，二者的内容可互为补充。《闲情偶寄》是明末清初文人李渔于康熙十年(1671年)完成的一部著作，整体内容是论述养生学。但是书中的内容也论述了园林、建筑、花卉、器玩等艺术和生活中的各种现象，并阐发了他的主张，是当下学者研究古人营造、装修、家居品位和思维的重要参考文献。

最近几十年来用建筑学及景观设计的思维方式研究园林的著作非常多，清华大学、东南大学、天津大学等单位，都对皇家园林和江南园林进行了调研。这些学术成果使园林的研究更加系统和深入。自2003年起，我在中央美术学院建筑学院教授建筑历史已有多年，当时有大约2/5的学生的专业是环境艺术设计，园林历史、庭院环境设计的课程就变得相当重要。于是我就考虑创作这本书来满足学生的需求。加上当时我已经拍摄了一批中国古典园林的照片，并且也已经绘制了一批插图，于是编写的过程比较顺利，这本书的上一版于2011年在中国建筑工业出版社出版。

机械工业出版社是与我长期合作的伙伴，刚刚退休不久的原机械工业出版社李奇社长对我厚爱有加，在他的关心下，机械工业出版社把我评为他们的最佳作者之一。距离机械工业出版社下属建筑分社的赵荣副社长第一次与我约稿已有二十多年。因此这本书的新版我也交给了机械工业出版社。但愿新版的《图说园林》能更好地满足读者的需求。

王其钧

2024年1月18日于北京

参考文献

[1]   潘谷西.江南理景艺术[M].南京：东南大学出版社，2001.

[2]   谢燕，王其钧.民间园林[M].北京：中国旅游出版社，2006.

[3]   王其钧，邵松.古典园林[M].北京：中国水利水电出版社，2005.

[4]   张家骥.中国造园艺术史[M].太原：山西人民出版社，2004.

[5]   彭一刚.中国古典园林分析[M].北京：中国建筑工业出版社，1986.

[6]   徐建融.园林府邸[M].上海：上海人民出版社，1996.

[7]   章采烈.中国园林艺术通论[M].上海：上海科学技术出版社，2002.

[8]   曹林娣.中国园林文化[M].北京：中国建筑工业出版社，2005.

[9]   刘敦桢.苏州古典园林[M].北京：中国建筑工业出版社，2005.

[10]   陈从周.中国园林鉴赏辞典[M].上海：华东师范大学出版社，2001.

[11]   陆琦.岭南造园与审美[M].北京：中国建筑工业出版社，2005.

[12]   清华大学建筑学院.颐和园[M].北京：中国建筑工业出版社，2000.

[13]   黄茂如.无锡寄畅园[M].北京：人民日报出版社，1994.

[14]   苏州园林管理局.苏州园林[M].上海：同济大学出版社，1991.

[15]   孙传余.园亭掠影：扬州名园[M].扬州：广陵书社，2005.

[16]   许少飞.扬州园林[M].苏州：苏州大学出版社，2001.

[17]   王舜.承德名胜大观[M].北京：中国戏剧出版社，2002.

[18]   张富强.皇家宫苑：北海北岸风光[M].北京：中国档案出版社，2003.

[19]   张富强.皇家宫苑：北海东岸风光[M].北京：中国档案出版社，2003.

[20]   张富强.皇家宫苑：北海团城[M].北京：中国档案出版社，2003.

[21]   张富强.皇家宫苑：北海琼华岛[M].北京：中国档案出版社，2003.

[22]   洪振秋.徽州古园林[M].沈阳：辽宁人民出版社，2004.

本书为了让读者更直观地了解中国传统园林的空间特点、园林之美，利用大量的园林鸟瞰图、园林剖面图、建筑立面图和照片，辅以简明扼要的文字说明，让读者在欣赏丰富的园林图像的同时，了解中国园林的历史、特征、要素、组合规律、园林建筑的特点，在轻松的状态下获取更多的信息与知识。本书以园林类型为线索，主要分为造园史、皇家园林、私家园林、民间景观园林、园林建筑、园林设计、园林的文化意蕴七大部分，适合园林艺术爱好者，园林、环艺等专业的学生、初学者阅读。

北京市版权局著作权合同登记　图字：01-2023-0515 号。

图书在版编目（CIP）数据

图说园林：解读中国园林的美与巧 /（加）王其钧著 . —北京：机械工业出版社，2024.3

ISBN 978-7-111-75394-0

Ⅰ.①图… Ⅱ.①王… Ⅲ.①园林艺术—介绍—中国 Ⅳ.① TU986.62

中国国家版本馆 CIP 数据核字（2024）第 059608 号

机械工业出版社（北京市百万庄大街 22 号　邮政编码 100037）
策划编辑：赵　荣　　　　　责任编辑：赵　荣　张大勇
责任校对：王荣庆　刘雅娜　责任印制：张　博
装帧设计：鞠　杨　严娅萍

北京利丰雅高长城印刷有限公司印刷
2025 年 1 月第 1 版第 1 次印刷
184mm × 260mm · 23 印张 · 617 千字
标准书号：ISBN 978-7-111-75394-0
定价：165.00 元

电话服务　　　　　　　网络服务
客服电话：010-88361066　　机　工　官　网：www.cmpbook.com
　　　　　010-88379833　　机　工　官　博：weibo.com/cmp1952
　　　　　010-68326294　　金　书　网：www.golden-book.com
封底无防伪标均为盗版　　机工教育服务网：www.cmpedu.com

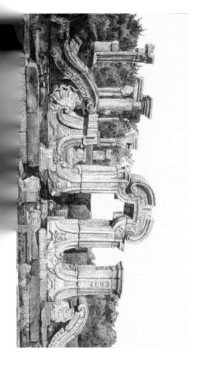

图片均由王其钧教授绘制

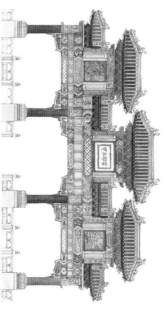